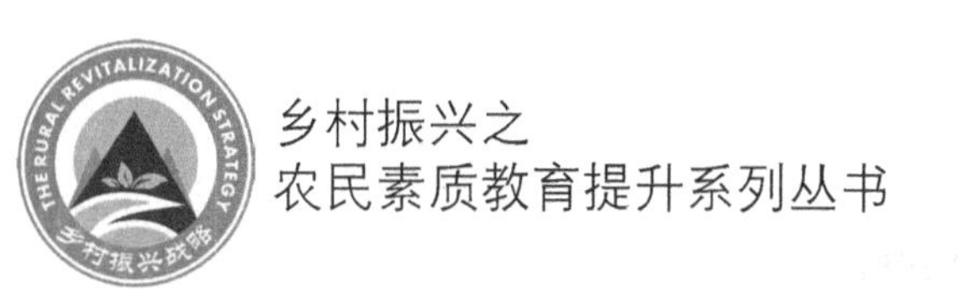

乡村振兴之
农民素质教育提升系列丛书

水肥一体化实用技术

◎ 张宪光　张建文　刘 凯　刘前萍　主编

中国农业科学技术出版社

图书在版编目（CIP）数据

水肥一体化实用技术 / 张宪光等主编 . —北京：中国农业科学技术出版社，2019. 7（2025.3 重印）

（乡村振兴之农民素质教育提升系列丛书）

ISBN 978-7-5116-4312-4

Ⅰ. ①水… Ⅱ. ①张… Ⅲ. ①肥水管理 Ⅳ. ①S365

中国版本图书馆 CIP 数据核字（2019）第 152100 号

责任编辑 徐　毅　贾　伟
责任校对 李向荣

出 版 者 中国农业科学技术出版社
北京市中关村南大街12号　　邮编：100081
电　　话 （010）82106643（编辑室）（010）82109702（发行部）
（010）82109709（读者服务部）
传　　真 （010）82106631
网　　址 http: // www.castp.cn
经 销 者 全国各地新华书店
印 刷 者 北京中科印刷有限公司
开　　本 850mm×1 168mm　1/32
印　　张 5.75
字　　数 130千字
版　　次 2019年7月第1版　　2025年3月第10次印刷
定　　价 26.00元

版权所有・翻印必究

《水肥一体化实用技术》

编委会

主　编　张宪光　张建文　刘　凯　刘前萍

副主编　张国松　闫海莉　杨立山　马利明

万清玲　官友金　王　飞　彭明宇

编　委　李　明　谢玉国　罗　斌　郭振希

朱正环　周文喜　邹明森　傅光明

鲁建国　李杏美

PREFACE 前　言

我国水资源总量不足，时空分布不均，干旱缺水严重制约着农业发展。大力发展节水农业，实施化肥使用量零增长行动，推广普及水肥一体化等农田节水技术，全面提升农田水分生产率和化肥利用率，是保障国家粮食安全、发展现代节水型农业、转变农业发展方式、促进农业可持续发展的必由之路。

随着水肥一体化技术的出现，农田灌溉施肥也逐渐走向机械化、自动化。无人机、喷灌设备、滴灌设备及其配套设备发展迅速，在全国各地有了越来越多的应用，并已取得了较大成效。我们在总结近年来水肥一体化技术应用经验的基础上，搜集查阅并参考了相关书籍及网站，编写了《水肥一体化实用技术》一书。

本书从8个章节对水肥一体化实用技术及应用进行了详细讲解。具体章节包括：水肥一体化技术概述、喷灌系统、微灌系统、水肥一体化系统运行管理与维护、水肥一体化中的灌溉施肥制度、蔬菜水肥一体化技术应用、果树水肥一体化技术应用、粮经作物水肥一体化技术应用。语言通俗、科学实用，对农业生产者和农技推广人员具有重要的参考价值。

由于编者能力有限，书中疏漏之处在所难免，欢迎读者提出批评和改进意见。

编　者

2019年6月

CONTENTS 目录

第一章
水肥一体化技术概述

第一节　水肥一体化技术的发展

一、水肥一体化技术的概念

水肥一体化技术是指在水肥的供给过程中，最有效地实现水肥的同步供给，充分发挥两者的相互作用，在给作物提供水分的同时最大限度地发挥肥料的作用，实现水肥的同步供应。

从广义上来说，水肥一体化技术就是水肥同时供应以满足作物生长发育需要，根系在吸收水分的同时吸收养分。从狭义上来说，水肥一体化技术就是把肥料溶解在灌溉水中，由灌溉管道输送给田间每一株作物，以满足作物生长发育的需要。如通过喷灌及滴灌管道施肥。

二、国外水肥一体化技术的发展

水肥一体化技术起源于无土栽培，并伴随着高效灌溉技

术的发展得以发展。18世纪末，英国科学家John Woodward利用土壤提取液配制了第一份水培营养液，后来水肥一体化技术经过了3个发展阶段。

（一）营养液栽培技术发展阶段

1859年，德国著名科学家Sachs和Knop，提出了使植物生长良好的第一个营养液的标准配方，并用此营养液培养植物，该营养液直到今天还在使用。之后，营养液栽培的含义扩大了，在充满营养液的砂、砾石、蛭石、珍珠岩、稻壳、炉渣、岩棉、蔗渣等非天然土壤基质材料做成的种植床上种植植物均称为营养液栽培，因其不用土壤，故称无土栽培。1920年，营养液的制备达到标准化，但这些都是在实验室内进行的试验，尚未应用于生产。1929年，美国加利福尼亚大学的W. F. Gericke教授，利用营养液成功地培育出一株高7.5米的番茄，采收果实14千克，引起了人们极大的关注。被认为是无土栽培技术由试验转向实用化的开端，作物栽培终于摆脱自然土壤的束缚，可进入工厂化生产。

（二）无土栽培技术阶段

19世纪中期到20世纪中期无土栽培商业化生产，水肥一体化技术初步形成。第二次世界大战加速了无土栽培的发展，为了给美军提供大量的新鲜蔬菜，美国在各个军事基地建立了大型的无土栽培农场。无土栽培技术日臻成熟，并逐渐商业化。无土栽培的商业化生产开始于荷兰、意大利、英国、德国、法国、西班牙、以色列等国家。之后，墨西哥、科威特及中美洲、南美洲、撒哈拉沙漠等土地贫瘠、水资源稀少的国家或地区也开始推广无土栽培技术。

（三）水肥一体化技术成熟阶段

20世纪中期至今是水肥一体化技术快速发展的阶段。50年代，以色列内盖夫沙漠中哈特泽里姆基布兹的农民偶然发现水管渗漏处的庄稼长得格外好，后来经过试验证明，滴渗灌溉是减少蒸发、高效灌溉及控制水肥、农药最有效的方法。随后以色列政府大力支持实施滴灌，1964年成立了著名的耐特菲姆公司。以色列从落后农业国实现向现代工业国的迈进，主要得益于滴灌技术。与喷灌和沟灌相比，以色列应用滴灌技术以来，全国农业用水量没有增加，农业产出却较之前增加5倍。

耐特菲姆公司生产的第一代滴灌系统设备是用流量计量仪控制塑料管子中的单向水流，第二代产品是引用高压设备控制水流，第三、四代产品开始配合计算机使用。自20世纪60年代以来，以色列开始普及水肥一体化技术，全国43万公顷耕地中大约有20万公顷应用加压灌溉系统。由于管道和滴灌技术的成功，全国灌溉面积从16.5亿米^{2}增加到22亿～25亿米^2，耕地从16.5亿米^{2}增加到44亿米^2。据称以色列的滴灌技术已经发展到第六代。果树、花卉和温室作物全部采用水肥一体化灌溉施肥技术，而种植大田蔬菜和大田作物的地块有些是全部利用水肥一体化灌溉施肥技术，有些只是一定程度上应用，这取决于土壤肥力和基肥科学施用等多种因素。在喷灌、微喷灌等微灌系统中，水肥一体化技术对作物也有很显著的作用。随着喷灌系统由移动式转为固定式，水肥一体化技术也被应用到喷灌系统中。80年代初期，水肥一体化技术应用到自动推进机械灌溉系统中。

三、我国水肥一体化技术的发展

（一）我国水肥一体化技术发展阶段

我国农业灌溉有着悠久的历史，但是大多采用大水漫灌和串畦淹灌的传统灌溉方法（图1-1），水资源的利用率低，不仅浪费了大量的水资源，同时作物的产量提高也不明显。

图1-1　传统灌溉

我国的水肥一体化技术的发展始于1974年。40多年来，随着微灌技术的推广应用，水肥一体化技术不断发展，大体经历了以下3个阶段。

第一阶段（1974—1980年）：引进滴灌设备，并进行国产设备研制与生产，开展微灌应用试验。1980年我国第一代成套滴灌设备研制生产成功。

第二阶段（1981—1996年）：引进国外先进工艺技术，国产设备规模化生产基础逐渐形成。微灌技术由应用试点到较大面积推广，微灌试验研究取得了丰硕成果，在部分微灌试验研究中开始进行灌溉施肥内容的研究。

第三阶段（1996年至今）：灌溉施肥的理论及应用技术日趋被重视，技术研讨和技术培训大量开展，水肥一体化技术大面积推广。

（二）我国水肥一体化技术发展情况

自20世纪90年代中期以来，我国微灌技术和水肥一体化技术迅速推广。水肥一体化技术已经由过去局部试验示范发展为大面积推广应用，辐射范围由华北地区扩大到西北干旱区、东北寒温带和华南亚热带地区，覆盖了设施栽培、无土栽培，以及蔬菜、花卉、苗木、大田经济作物等多种栽培模式和作物。在经济发达地区，水肥一体化技术水平日益提高，涌现了一批设备配置精良、专家系统智能自动控制的大型示范工程。部分地区因地制宜实施的山区滴灌施肥、西北半干旱和干旱区协调配置日光温室集雨灌溉系统、窖水滴灌、瓜类栽培吊瓶滴灌施肥、华南地区利用灌溉施用液体有机肥等技术形式使灌溉施肥技术日趋丰富和完善。

灌溉施肥应用与理论研究逐渐深入，由过去侧重土壤水分状况、节水和增产效益试验研究，逐渐发展到灌溉施肥条件下水肥结合效应、对作物生理和产品品质影响、养分在土壤中运移规律等方面的研究。由单纯注重灌溉技术、灌溉制度逐渐发展到对灌溉与施肥的综合运用技术的研究。我国水肥一体化技术总体水平，已从20世纪80年代初级阶段发展和提高到中级阶段。其中，部分微灌设备产品性能、大型现代温室装备和自动化控制已基本达到目前国际先进水平。微灌工程的设计理论及方法已接近世界先进水平，微灌设备产品和微灌工程技术规

范，特别是条款的逻辑性、严谨性和可操作性等方面，已跃居世界领先水平。

近几年，我国更加重视水肥一体化技术的推广和应用。2016年，农业部办公厅关于印发《推进水肥一体化实施方案（2016—2020年）》的通知提出：要大力发展节水农业，实施化肥使用量零增长行动，推广普及水肥一体化等农田节水技术。2017年中央一号文件指出：把农业节水作为方向性、战略性大事来抓，大力普及喷灌、滴灌等节水灌溉技术，加大水肥一体化等农艺节水推广力度。随着水肥一体化技术被纳入政府农业发展规划政策的实施以及现代信息技术的不断进步，未来水肥一体化技术将具有广阔的发展前景和空间。

第二节　水肥一体化技术的优缺点

水肥一体化技术从传统的“浇土壤”改为“浇作物”，是一项集成的高效节水节肥技术，不仅节约水资源，而且提高肥料利用率。由于水肥一体化技术是一项新兴技术，而且我国土地类型多样化，各地农业生产发展水平、土壤结构及养分间有很大的差别，用于灌溉施肥的化肥种类参差不一，因此，水肥一体化技术在实施过程中也存在一些缺点。

一、水肥一体化技术的优点

（一）节省劳动力

传统的沟灌施肥费工费时。水肥一体化技术是管网供水，操作方便，便于自动控制，减少了人工开沟、撒肥等过程，因而可明显节省劳力；灌溉是局部灌溉，大部分地表保持干燥，减少了杂草的生长，也就减少了用于除草的劳动力；由于水肥一体化的应用可减少病虫害的发生，可减少用于防治病虫害、喷药等劳动力；水肥一体化技术实现了种地无沟、无渠、无埂，大大减轻了水利建设的工程量。

（二）节水效果明显

水肥一体化技术可减少水分的下渗和蒸发，提高水分利用率。传统灌溉方式，水利用系数只有0.45左右，灌溉用水的一半以上流失或浪费了，而喷灌用水利用系数约为0.75，滴灌用水利用系数可达0.95。在露天条件下，微灌施肥与大水漫灌相比，节水率达50%左右。保护地栽培条件下，滴灌施肥与畦灌施肥相比，每亩[①]大棚一季节水80～120米^3，节水率为30%～40%。

（三）节肥增效显著

利用水肥一体化技术可以方便地控制灌溉时间、肥料用量、养分浓度和营养元素间的比例，实现了平衡施肥和集中施肥。与手工施肥相比，水肥一体化的肥料用量是可量化的，作物需要多少施多少。同时将肥料直接施于作物根部，既加快了作物吸收养分的速度，又减少了挥发、淋洗所造成的养分损失。水肥一体化技术具有施肥简便、施肥均匀、供肥及时、作物易于吸收、提高肥料利用率等优点。在作物产量相近或相同的情况下，水肥一体化技术与传统施肥技术相比可节省化肥40%～50%。

① 1亩≈667米^2，全书同

（四）减轻病虫害

水肥一体化技术有效地减少了灌水量和水分蒸发，降低了土壤湿度和空气湿度，抑制了病菌、害虫的产生、繁殖和传播，在很大程度上减少了病虫害的发生，因此，也减少了农药的投入和防治病害的劳力投入。与传统施肥技术相比，利用水肥一体化技术每亩农药用量可减少15%～30%。

（五）改善微生态环境

采用水肥一体化技术，除了明显降低大棚内空气湿度和棚内温度外，还可以增强微生物活性，滴灌施肥与常规畦灌施肥技术相比地温可提高2.7℃。有利于增强土壤微生物活性，促进作物对养分的吸收；有利于改善土壤物理性质，滴灌施肥克服了因灌溉造成的土壤板结，土壤容重降低，孔隙度增加，有效地调控土壤根系的水渍化、盐渍化、土传病害等障碍。

（六）减少对环境的污染

水肥一体化技术严格控制灌溉用水量及化肥施用量，防止化肥和农药淋洗到深层土壤，造成土壤和地下水的污染，同时可将硝酸盐为主要物质的农业面源污染降到最低程度。此外，利用水肥一体化技术可以在土层薄、贫瘠、含有惰性介质的土壤上种植作物并获得最大的增产潜力，能够有效地利用开发丘陵地、山地、砂石、轻度盐碱地等边缘土地。

（七）增加产量，改善品质，提高经济效益

水肥一体化技术适时、适量地供给作物不同生育期生长所需的养分和水分，明显改善作物的生长环境条件，因此，可促进作物增产，提高农产品的外观品质和营养品质；应用水肥一体化技术种植的作物，生长整齐一致，定植后生长恢复快、提早收获、收获期长、丰产优质、对环境气象变化适应性强等优点；通过水肥的控制可以根据市场需求提早供应市场或延长供应市场。

二、水肥一体化技术的缺点

（一）工程造价高

与地面灌溉相比，滴灌一次性投资和运行费用相对较高，其投资与作物种植密度和自动化程度有关，作物种植密度越大投资就越大，反之越小。使用自动控制设备会明显增加资金的投入，但是可降低运行管理费用，减少劳动力的成本，选用时可根据实际情况而定。

（二）技术要求高

水肥一体化对农民来说是一项新技术，涉及田间工程设计，设备选择、购买、安装、使用、维护及肥料选择等一系列问题，由于缺乏系统的培训，许多农户知之不多，了解太少，担心无法掌握和正确使用，影响了农民使用水肥一体化技术的积极性。

（三）灌水器容易堵塞

灌水器堵塞是当前水肥一体化技术应用中最主要的问题，也是目前必须解决的关键问题。引起堵塞的原因有化学因素、物理因素，有时生物因素也会引起堵塞。如磷酸盐类化肥，在适宜的pH条件下容易发生化学反应产生沉淀；对pH值超过7.5的硬水，钙或镁会停留在过滤器中；当碳酸钙的饱和指标大于0.5且硬度大于300毫克/升时，也存在堵塞的危险；

在南方一些井水灌溉的地方，水中的铁质诱发的铁细菌也会堵塞滴头；藻类植物、浮游动物也是堵塞物的来源，严重时会使整个系统无法正常工作，甚至报废。因此，灌溉时水质要求较严，一般均应经过过滤，必要时还需经过沉淀和化学处理。用于灌溉系统的肥料应详细了解其溶解度等物理、化学性质，对不同类型的肥料应有选择的施用。在系统安装、检修过程中，若采取的方法不当，管道屑、锯末或其他杂质可能会从不同途径进入管网系统引起堵塞。对于这种堵塞，首先要加强管理，在安装、检修后应及时用清水冲洗管网系统，同时要加强过滤设备的维护。

（四）容易引起盐分积累

当在含盐量高的土壤上进行滴灌或是利用咸水灌溉时，盐分会积累在湿润区的边缘，如遇到小雨，这些盐分可能会被冲到作物根区域而引起盐害，这时应继续进行灌溉淋洗根区盐分。但在雨量充沛的地区，充足的雨水可以淋洗根区盐分。在没有充分冲洗条件下的地方或是秋季无充足降雨的地方，则不要在高含盐量的土壤上进行灌溉或利用咸水灌溉。

（五）可能限制根系的发展

由于灌溉施肥技术湿润部分土壤，加之作物的根系有向水性，这样就会引起作物根系集中向湿润区生长。对于多年生作物来说，滴头位置附近根系密度增加，而非湿润区根系因得不到充足的水分供应其生长会受到一定程度的影响，尤其是在干旱、半干旱的地区，根系的分布与滴头有着密切的联系，在没有灌溉就没有农业的地区，如我国西北干旱地区，应用灌溉时，应正确地布置灌水器。对于果树来说，少灌、勤灌的灌水方式会导致树木根系分布变浅，在风力较大的地区可能产生拔根危害。

第三节　水肥一体化技术的推广应用

一、水肥一体化技术推广应用的现实意义

水肥一体化技术这种“现代集约化灌溉施肥技术”是应时代之需，是我国传统的“精耕细作”农业向“集约化农业”转型的必要产物。它的推广和应用有利于从根本上改变传统的农业用水方式，提高水分利用率和肥料利用率；有利于改变农业的生产方式，提高农业综合生产能力；有利于从根本上改变传统农业结构，大力促进生态环境保护和建设。具体来说，具有四方面的现实意义。

（一）节约劳动力的需要

我国劳动力匮乏且劳动力价格越来越高，使水肥一体化技术节省劳动力的优点更加突出。目前，年轻人种地的越来越少，进城做工的越来越多，这导致劳动力群体结构极为不合理，年龄断层严重。在现有的农业生产中，真正在生产一线从事劳动的年龄大部分在40岁以上，在若干年以后，这部分人没有能力干活了将很难有人来替代他们工作。劳动力短缺致使劳动力价格高涨，现在的劳动力价格是5年前的2倍甚至更高。传统的灌溉施肥技术，所需的劳动力成本就会很高。

（二）提高水资源有效利用率的需要

我国水资源总量居世界第六位，人均占有量更低，而且分布不均匀，水土资源不相匹配，淮河流域及其以北地区国土面积占全国的63.5%，水资源量却仅占全国的19%。平原地区地下水储存量减少，地下水降落漏斗面积不断扩大，我国可耕种的土地面积越来越少。在可耕种的土地中有43%的土地是灌溉耕地，也就是说靠自然降水的耕地达57%，但是我国雨水的季节性分布不均，大部分地区年内夏秋季节连续4个月降水量占全年的70%以上，连续丰水或连续枯水年较为常见，旱灾发生率很高。再加上我国农业用水比较粗放，耗水量大，灌溉水有效利用系数仅为0.5左右。水资源缺乏，农业用水效率低不仅制约着现代农业的发展，也限制着经济社会的发展，因此，有必要大力发展节水技术，水肥一体化技术可有效地节约灌溉用水，如果利用合理可大大缓解我国的水资源匮乏的压力。

（三）减少化肥应用量的需要

我国是世界化肥消费量大国，不足世界10%的耕地却施用了世界化肥总施用量的1/3。化肥泛滥施用而利用率低，全国各地的耕地均有不同程度的次生盐渍化现象。长期大量施用化肥导致农田中的氮、磷向水体转移，造成地表水污染，使水体富营养化。肥料的利用率是衡量肥料利用程度的一个重要的参数。研究发现，我国的氮肥当季利用率只有30%~40%，磷肥的当季利用率为10%~25%，钾肥的当季利用率为45%左右，这不仅造成严重的资源浪费，还会引发农田及水环境的污染问题。化肥泛滥施用造成了严重的土壤污染、水体污染、大气污染、食品污染等一系列问题。因此，长期施用化肥促进作物增产的同时，也给农业生产的可持续发展带来了挑战。而水肥一体化技术的肥料利用率达80%以上，如在田间滴灌施肥系统下种植果树，氮肥利用率可达80%以上、磷肥利用率达到60%、钾肥利用率达到90%。

（四）环境保护的需要

水肥一体化技术是节水、节肥的一项重要技术。欧洲很多地区并不缺水，但仍采用此项技术，考虑的是该项技术的节肥、省工、省力、增产、增效等优点，特别是对环境的保护作用。

通过以上因素的分析，让我们看到了水肥一体化技术在我国发展、推广的必要性。随着水肥一体化技术在更大范围的推进，其意义绝不仅仅在于节水节肥本身，它所引发的必将是中国农业由传统迈向现代的一次具有深远意义的革命。

二、水肥一体化技术推广应用面临的问题

近年来，我国水肥一体化技术发展迅速，已逐步由棉花、果树、蔬菜等经济作物扩展到小麦、玉米、马铃薯等粮食作物，每年推广应用面积3 000多万亩。但与发达国家相比，我国水肥一体化技术推广和应用水平差距还比较大。主要原因如下。

（一）灌溉施肥工程管理水平低

目前我国节水农业中存在着“重硬件（设备）、轻软件（管理）”问题。特别是政府投资的节水示范项目，花费很多资金购买先进设备，但建好后由于缺乏科学管理或权责利不明

而不能发挥应有的示范作用。灌溉制度和施肥方案的执行受人为因素影响大，除了装备先进的大型温室和科技示范园外，大部分的灌溉施肥工程并没有采用科学方法对土壤水分和养分含量、作物营养状况实施即时检测，多数情况下还是依据人为经验进行管理，特别是施肥方面存在很大的随意性，系统操作不规范，设备保养差，运行年限短。

（二）灌溉技术和施肥技术脱离

由于管理体制所造成的水利与农业部门的分割，使技术推广中灌溉技术与施肥技术脱离，缺乏行业间的协作和交流。懂灌溉的不懂农艺、不懂施肥，而懂得施肥的又不懂灌溉设计和应用。

（三）技术研发与培训不足

我国微灌设备目前依然存在微灌设备产品品种及规格少、材质差、加工粗糙、品质低等问题。其主要原因是设备研究与生产企业联系不紧密，企业生产规模小，专业化程度低。特别是施肥及配套设备产品品种规格少，形式比较单一，技术含量低；大型过滤器、大容积施肥罐、精密施肥设备等开发研究不足。由于灌溉施肥技术涉及农田水利、灌溉工程、作物、土壤、肥料等多门学科，需要综合知识，应用性很强。现有的农业从业人员的专业背景存在较大差异，农业研究与推广部门缺乏专业水肥一体化技术推广队伍，研究方面人力物力投入少，对农业技术推广人员和农民缺乏灌溉施肥专门的知识培训，同时也缺乏通俗易懂的教材和宣传资料。

（四）缺乏专业公司的参与

虽然在设备生产上我国已达到先进水平，国产设备可以满足市场需要，但技术服务公司非常少，而在水肥一体化技术普及的国家，则有许多公司提供灌溉施肥技术服务。水肥一体化技术是一项综合管理技术，不仅需要专业公司负责规划、设计、安装，还需要相关的技术培训、专用的肥料供应、农化服务等。

（五）投资成本高成为技术推广的最大障碍

水肥一体化技术涉及多项成本：设备成本、水源工程、作物种类、地形与土壤条件、地理位置、系统规划设计、系统所覆盖的种植区域面积、肥料、施肥设备和施肥质量要求、设备公司利润、销售公司利润、安装公司利润等，投资相对比较大。而目前农产品价格较低，造成投资大、产出低，也成为水肥一体化技术推广的最大障碍，在目前情况下，主要用在经济效益好的作物上，如花卉、果树、设施蔬菜、茶叶等。

三、水肥一体化技术的发展趋势

（一）向着规模化方向发展

当前水肥一体化技术已经由过去局部试验示范发展为大面积推广应用，辐射范围由华北地区扩大到西北干旱区、东北寒温带和华南亚热带地区，覆盖了设施栽培、无土栽培、果树栽培，以及蔬菜、花卉、苗木、大田经济作物等多种栽培模式和作物。另外，水肥一体化技术的发展方向还表现在：节水器材及生产设备实现国产化，降低器材成本；解决废弃节水器材回收再利用问题，进一步降低成本；新型节水器材的研制与开发，发展实用性、普及性、低价位“二性一低”的塑料节水器材；完善的技术推广服务体系。

（二）向着标准化体系方向发展

目前，市场上节水器材规格参差不齐，严重制约了我国节水事业的发展。因此，在未来的发展中，节水器材技术标准、技术规范和管理规程的编制，会不断形成并成为行业标准和国家标准，以规范节水器材生产，减少因为节水器材、技术规格不规范而引起的浪费，以此来提高节水器材的利用率。同时，水肥一体化技术规范标准化也会逐渐形成。目前的水肥一体化技术，各个施肥环节标准没有形成统一，效率低下，因而在未来的水肥一体化进程中，应对设备选择、设备安装、栽培、施肥、灌溉制度等各个环节进行规范，以此形成技术标准，提高效率。

（三）向着科学化方向发展

水肥一体化技术向着精准农业、配方施肥的方向发展。我国幅员辽阔，各地农业生产发展水平、土壤结构及养分间有很大的差别。因此，在未来规划设计水肥一体化进程中，在选取配料前，应该根据不同作物种类、不同作物的生长期、不同土壤类型，分别采样化验得出土壤的肥力特性以及作物的需肥规律，从而有针对性地进行配方设计，选取合适的肥料进行灌溉施肥。

水肥一体化技术将向信息化发展。信息化是当今世界经济和社会发展的大趋势，也是我国产业优化升级和实现工业化、现代化的关键环节。在水肥一体化方面，我们不仅要将信息技术应用到生产、销售及服务过程中来降低服务成本，而且要在作物种植方面加大信息化发展。例如，水肥一体化自动化控制系统，可以利用埋在地下的湿度传感器传回土壤湿度的信息，以此来有针对性地调节灌溉水量和灌溉次数，使植物获得最佳需水量。还有的传感系统能通过监测植物的茎和果实的直径变化，来决定植物的灌溉间隔。

另外，未来水肥一体化技术肥料的选取方向也将向科学化发展。水肥一体化技术肥料将根据水肥一体化灌溉系统的特点选取滴灌专用肥和水溶性肥料。

第二章 喷灌系统

第一节　喷灌的概念、特点及组成

一、喷灌的概念

图2-1　农田喷灌

喷灌是喷洒灌溉的简称，是指利用专门的设备（动力机、水泵、管道等）把水加压或利用水的自然落差将有压水送到灌溉地段，通过喷洒器（喷头）喷射到空中散成细小的水滴，均匀地散布在田间进行灌溉的灌溉方式（图2-1）。它是一种先进的节水灌水方法，是实现喷洒灌溉的工程设施。

二、喷灌的特点

（一）喷灌的优点

喷灌技术作为一种先进的灌溉技术，与传统的地面灌溉方式相比有诸多优点。

1. 节约用水

（1）喷灌可以根据地形地势、土壤质地和入渗特性来选择合适的喷头，控制合理的喷灌强度和喷水量，所以喷灌的喷水量分布均匀程度较高，能够有效避免地表径流和深层渗漏损失。

（2）利用喷灌大大提高了水的利用系数，因为喷灌在输出灌溉水时用的是一套专门的有压管道，在输水过程中几乎没有漏水和渗水损失现象，显著地提高了水的利用系数。

（3）水分生产率高，即灌1米^{3}水所生产的粮食千克数高。喷灌可以做到计划供水，即实时供水，这样就可以依据作物的需水规律来供水，需要多少就供多少。这种模式减少了作物无效蒸腾的蒸发，在达到相同的产量时，需要较小的灌溉水量。

2. 节省劳动力

（1）喷灌可实现高度的机械化，又便于采用小型电子控制装置实现自动化，尤其是采用自动控制的大型喷灌机组各灌系统，可以节省大量的劳动力。

（2）减少田间工程劳动量，可以免去修筑田间输水毛

渠、农渠、畦田的田埂等的工作量。

（3）喷灌可以将肥料和农药混入灌溉水中共同施入，减少了施肥和喷洒农药的劳动量。

3. 增产及改善农产品品质

（1）喷灌时用管道输水，无需田地间渠、沟和畦埂，土地利用率高，一般可增加耕地7%～15%。

（2）喷灌可以采用较小的灌水定额对作物进行灌溉，采用少灌勤灌的灌水方式，便于严格控制土壤水分含水率及灌水深度，作物根系主要分布区水分供应充足，作物计划湿润层的土壤水分经常保持在作物吸水的适宜范围内，有利于作物生长。

（3）对耕作层的土壤不产生机械的破坏作用，保持土壤的团粒结构，土壤疏松、多孔、通气性好，微生物生长环境适宜，促进养分分解，提高土壤肥力。

（4）调节田间小气候，增加近地表层的空气湿度，调节温度和昼夜温差，避免干热风、高温和霜冻等恶劣天气对作物的危害，为作物创造了良好的生长发育条件。

（5）在喷灌时能冲掉植物茎叶上尘土，有利于植物呼吸和光合作用，特别是蔬菜增产效果更为明显。

4. 适应性强

（1）喷灌可适应于各种作物，不仅适应所有大田作物，如小麦、玉米、大豆，而且对于各种经济作物（花生、烟草）、蔬菜、草场都可以获得很好的经济效果。密植浅根类作物、矮化密植作物都可采用喷灌。

（2）适应于各种场所，大田作物、温室、大型牧场、大型农场、城市园林、运动场、水景工程。

（3）适应于各种土壤和地形，砂土、壤土、黏土均可以采用喷灌，不管是平原地区，还是山地丘陵地区也都可采用喷灌技术。山地丘陵地区地形复杂，修筑难度较大，喷灌采用管道输水，对地形条件要求不高，可以省去造梯田或其他工程的费用，沙漠地区可以利用喷灌技术进行沙漠的绿洲化。

（二）喷灌的缺点

1. 投资较高

与地面灌溉相比，喷灌投资较高，喷灌系统需要大量的机械设备和管道材料，同时系统工作压力较高，对其配套的基础设施的耐压要求也较高，因而需要标准较高的设备，这样就导致了一次性投资较高。

2. 耗能较大

为了使喷头运转和灌水均匀，必须给水一定的压力，除自压喷灌系统外，在没有自然水压的情况下喷灌系统只有通过水泵进行加压，这需要消耗一定的能源。为了解决能耗问题，喷灌正向低压化方向发展。

3. 表面湿润较多，深层湿润不够

喷灌的灌水强度要比滴灌的大得多，在水没有充分下渗，深层土壤还没有得到充分湿润时，土壤表层已经产生径流，这对深根作物的生长极其不利。可以采用低强度喷灌（漫喷灌）的方式，使喷头的平均喷灌速度低于土壤的入渗速度，而又不产生积水和地面径流。

4. 受风速、空气湿度等气候的影响较大

由喷头喷洒出来的水滴在落向地面的过程中其运动轨迹受风的影响很大。当风速在5.5～7.9米/秒，即四级风以上时，能吹散水滴，使灌溉均匀性大大降低，甚至产生喷漏，飘移损失也会增大。空气湿度过低时，蒸发损失加大。

三、喷灌系统的组成

通常，喷灌系统由水源工程、水泵和动力机、管道系统、喷灌机及附属设备、附属工程组成。

（一）水源工程

喷灌系统与地面灌溉系统一样，首先要解决水源问题。常见水源有：河流、渠道、水库、塘坝、湖泊、机井、山泉。在整个生长季节，水源应有可靠的供水保证。喷灌对水源的要求：水量满足要求，水质符合灌溉用水标准（农田灌溉水质标准GB 5084—92）。另外，在规划设计中，特别是山区或地形有较大变化时，应尽量利用水源的自然水头，进行自压喷灌，选取合适的地形和制高点修建水池，以控制较大的灌溉面积。在水量不够大、水质不符合条件的地区需要建设水源工程。水源工程的作用是通过它实现对水源的蓄积、沉淀和过滤作用。

（二）水泵和动力机

喷灌需要使用有压力的水才能进行喷洒。通常利用水泵将水提吸、增压、输送到各级管道及各个喷头中，并通过喷头喷洒出来。水泵要能满足喷灌所需的压力和流量要求。常用的卧式单级离心泵，扬程一般为30～90米。深井水源采用潜水电泵或射流式深井泵。如要求流量大而压力低，可采用效率高而扬程变化小的混流泵。移动式喷灌系统多采用自吸离心泵或设有自吸或充水装置的离心泵，有时也使用结构简单、体积小，自吸性能好的单螺杆泵。

常用的动力设备有：电动机、柴油机、小型拖拉机、汽油机。在有电的地区应尽量使用电动机，不方便供电的情况下只能采用柴油机、汽油机或拖拉机。对于轻小型喷灌机组，为了移动方便，通常采用喷灌专业自吸泵，而对于大型喷灌工程，通常采用分级加压的方式来降低系统的工作压力。

（三）管道系统

一般分干、支两级，还可以分为干、支、分支三级，管道上还需配备一定数量的管件和竖管。管道的作用是把经过水泵加压的或自压的灌溉水输送到田间，因此，管道系统要求能承受一定的压力和通过一定的流量。为了保护喷灌系统的安全运行，可根据需要在管网中安装必要的安全装置，如进排气阀、限压阀、泄水阀等。管网系统需要各种连接和控制的附属配件，包括闸阀、三通、弯头和其他接头等，在干管或支管的进水阀后可以连接施肥装置。

（四）喷灌机

喷灌机是自成体系，能独立在田间移动喷灌的机械。为了进行大面积喷灌就应当在田间布置供水系统给喷灌机供水，供水系统可以是明渠也可以是无压管道或有压管道。喷灌机的主要组成部分是喷头，其作用是将有压的集中水流喷射到空中，散成细小的水滴并均匀地散布在它所控制的灌溉面积上。

（五）附属工程和设备

喷灌工程中还用到一些附属工程和附属设备，如从河流、湖泊、渠道取水，则应设拦污设施；在灌溉季节结束后应排空管道中的水，需设泄水阀，以保证喷灌系统安全越冬；为观察喷灌系统的运行状况，在水泵进出水管路上应设置真空表、压力表和水表，在管道上还要设置必要的闸阀，以便配水和检修；考虑综合利用时，如喷洒农药和肥料，应在干管或支管上端设置调配和注入设备。

第二节　喷灌系统设备选择

一、水泵的选择

水泵是喷灌工程中的重要设备。除自压喷灌工程灌溉水源的位置高程能满足喷灌工程所需压力水头外，大多数喷灌工程都需要配置水泵。其作用是给灌溉水加压，使喷头获得必要的工作压力水头。

（一）喷灌用水泵的性能

水泵是通过叶轮等工作部件的运动，把外加的能量传递给被抽送的水体，达到提升或增加压力的目的。水泵的种类很多，用途广泛，常用于喷灌的水泵有手压离心泵、自吸离心泵及潜水电泵等（图2-2、图2-3）。

图2-2　手压离心泵

图2-3　自吸离心泵

喷灌用水泵的性能参数包括基本性能参数（转速、流量、扬程、功率、效率），汽蚀性能参数（必需汽蚀余量或允许吸上真空高度）和综合性能参数（比转数）。

1. 流量

流量指一台水泵在单位时间内能输送水的体积或重量，又称输水量，一般用Q表示，单位是升/秒、米^3/秒或米^3/小时等。

2. 扬程

扬程指单位重量的水通过水泵以后所净增的能量，通常以水头H表示，单位为米。

喷灌用水泵的扬程主要不是用于提高水位，而是为了给喷灌系统加压，故除了流量应满足灌溉要求外，还必须提供喷头所需的工作压力。

3. 功率

功率指水泵在单位时间内做功的大小，用P表示，单位是千瓦或马力。水泵功率分为有效功率、轴功率和配套功率

三种。

（1）有效功率。指泵的输出功率，即水泵传给水体的净功率。

（2）轴功率。指泵的输入功率，也就是动力机传给泵的功率，以P表示。水泵铭牌上标出的功率即指轴功率。

（3）配套功率。指与泵配套的动力机的额定功率。

4. 效率

效率是指泵的有效功率与轴功率的比值，它标志着泵传递功率的有效程度。

5. 转速

转速指泵轴或叶轮每分钟转动的次数，以*n*表示，

单位是转/分钟。泵转速发生变化，其他性能参数也相应发生变化。

6. 必需汽蚀余量

（1）汽蚀余量。是指泵进口处单位重量水所具有的超过当时温度下汽化压力的富余能量，通常用水头Δh表示，单位为米。

（2）临界汽蚀余量。是指汽蚀性能试验时，水泵开始发生汽蚀时测得的泵进口处的汽蚀余量。

（3）必需汽蚀余量。为保证泵正常工作不产生汽蚀，所规定的汽蚀余量的必需值。

7. 允许吸上真空高度

（1）吸上真空高度值。叶轮处于水面以上的离心泵，泵进口压力低于大气压力的数值。用Hs表示，单位为米。

（2）临界吸上真空高值度。泵内开始产生汽蚀时测得的

吸上真空高度值。

（3）允许吸上真空高度值。为防止泵发生汽蚀，规定吸上真空高度的允许值。

8. 比转数

比转数是综合反映泵性能的一个参数表，也是一系列相似泵的特征数、判别数。在相似工况下，相似泵的比转数相等，对任何一台水泵，都可以用设计工况（即最高效率点）下的流量、扬程及额定转数，计算出比转数来进行比较。

9. 水泵的性能曲线

水泵的性能曲线是用来表示水泵的各种性能参数之间关系的一组曲线。

（二）喷灌用水泵的选择

1. 选择原则

（1）喷灌工程所选定的泵，其流量和扬程应与喷灌系统设计流量和设计扬程基本一致，且当工作点变动时，泵始终在高效区范围内工作，既不能产生汽蚀，也不能使动力机过载。

（2）泵数量和泵大小相互制约，在相同流量和扬程的条件下，一台大泵比若干小泵运行的效率高，泵选得大，安装台数少，设备、土建和管理费用均可相应减少。但是，泵的台数又不能太少，否则难以进行流量调节，且水泵发生故障时，对全系统影响很大。一般安装2～4台泵，当系统设计流量较小时，可只设置1台泵，但应配备足够数量的易损零件。

（3）如果有几种泵型都满足喷灌系统设计流量和设计扬程的要求时，应选择其中效率高，配套功率小，便于操作、维修，并使喷灌系统总投资较小的泵型。

（4）同一喷灌系统安装的泵，尽可能型号一致，以方便管理和维修。

（5）推荐采用国优与部优产品以及获国家生产许可证的产品和节能产品。

（6）尽可能选择汽蚀性能好的泵，即允许吸上真空高度值较大的水泵。这对简化泵房结构、减少泵站投资、保证机组安全运行有很大好处。以选择离心泵为例，如果所选泵的允许吸上真空高度值大，而水源水位变化又不大时，可采用简易的、由砖木结构组成的分基型泵房；反之，就必须改用较为复杂的、由钢筋混凝土与砖石混合结构组成的干室型泵房。

2. 泵的选择方法

设计喷灌用水泵，应当从确保喷灌质量、节能、安全、经济等方面，统筹考虑，选取经常出现且有代表性的工况为设计工况，以最不利的工况为校核工况。

喷灌用水泵需校核如下两个工况：①对灌区位置最高、距离最远的喷点，校核可能出现的最低喷头工作压力，看它是否达到喷头设计工作压力范围的下限值。②对灌区位置最低、距离最近的喷点，校核可能出现的最高喷头工作压力，看它是否超出喷头设计允许工作压力范围的上限。

二、喷灌管道及附件的选择

喷灌管道的作用是向喷头输送具有一定压力的水流，所以喷灌用管道必须能承受一定的压力，必须保证在规定的工作压力下不发生开裂、爆管现象，工作安全可靠。管材在喷灌系统中需用数量多，所占投资比重较大，需要在设计中按照因地制宜、经济合理的原则加以选择，要求管道质优价廉，使用寿命长，内壁光滑，此外，管道附件也是管道系统中不可缺少的配件，在选择的时候也要慎重。

（一）喷灌管道

喷灌管道的种类很多，按照材质不同分为金属管道和非金属管道，按照使用方式不同分为固定管道和移动管道。

目前，喷灌工程中可以选用的管材主要有塑料管、钢管、铸铁管、混凝土管、薄壁铝合金管、薄壁镀锌钢管以及涂塑软管等。一般来讲，地埋管道尽量选用塑料管，地面移动管道可选用薄壁铝合金管以及涂塑软管。

1. 塑料管

塑料管是由不同种类的树脂掺入稳定剂、添加剂和润滑剂等挤出成型的。按其材质可以分为聚氯乙烯管（PVC）、聚乙烯管（PE）和改性聚丙烯管（PP）等，聚乙烯管又可根据聚乙烯材料密度的不同分为高密度聚乙烯管（HDPE）和低密度聚乙烯管（LDPE），喷灌工程中常采用承压能力为400～1 000千帕的管材。

塑料管的优点是重量轻，便于搬运，施工容易，能适应一定的不均匀沉陷，内壁光滑，不生锈，耐腐蚀，水头损失小。但是存在老化脆裂问题，随温度升降变形大。喷灌工程中如果将其作为地埋管道使用，可以最大限度地克服老化脆裂缺点，同时减小温度变化幅度，因此，地埋管道多选用塑料管。塑料管的连接形式分为刚性连接和柔性连接，刚性连接有法兰连接、承插粘接和焊接等；柔性连接多为一端R形扩口或使用铸铁管件套橡胶圈止水承插连接。

2. 钢管

常用的钢管有无缝钢管（热轧和冷拔）、焊接钢管和水煤气钢管等，一般用于裸露的管道和穿越公路的管道和系统的首部连接。钢管能够承受动荷载和1兆帕以上的工作压力，与铸铁管相比较，管壁较薄，具有较强的韧性，不易断裂，而且连接简单，铺设简便。其缺点是造价较高，易腐蚀，使用寿命较短。钢管一般采用焊接、法兰连接或者螺纹连接方式。

3. 铸铁管

铸铁管可分为铸铁承插直管和砂型离心铸铁管及铸铁法兰直管。铸铁管的承压能力大，一般为1兆帕；工作可靠；寿命长，可使用30～60年；管件齐全，加工安装方便。其缺点是重量大，搬运不方便，造价高，内部容易产生铁瘤阻水，导致输水能力大大降低，一般使用30年后需要更换。铸铁管一般采用法兰接口或者承插接口方式进行连接。

4. 钢筋混凝土管

钢筋混凝土管分为自应力钢筋混凝土管和预应力钢筋混凝土管，均是在混凝土浇制过程中，使钢筋受到一定拉力，从而保证其在工作压力范围内不会产生裂缝，可以承受的压力是0.4～1.2兆帕。钢筋混凝土管的优点是不易腐蚀，经久耐用；长时间输水，内壁不结污垢，管道输水能力稳定；安装简便，性能良好。但是其自重较大，质脆、重量较大，运输不便，价格较高。钢筋混凝土管的连接，一般采用承插式接口，分为刚性、柔性接头。

5. 薄壁铝合金管

薄壁铝合金管材的优点是重量轻；能承受较大的工作压

力；韧性强，不易断裂；不锈蚀，耐酸性腐蚀；内壁光滑，水力性能好；寿命长，一般可使用15～20年，被广泛用作喷灌系统的地面移动管道。其缺点：价格较高；硬度小，抗冲击能力差，碰撞容易变形；耐磨性不及钢管；不耐强碱性腐蚀等。

薄壁铝合金管材的配套管件多为铝合金铸件和冲压镀锌钢件。铝合金铸件不怕锈蚀，使用管理简便，有自泄功能；冲压镀锌钢件转角大，对地形变化适应能力强。薄壁铝合金管材的连接多采用快速接头连接。

6. 涂塑软管

用于喷灌工程中的涂塑软管主要有锦纶塑料软管、维纶塑料软管和其他强度较高的材料织成的管坯。锦纶塑料软管是用锦纶丝织成网状管坯后在内壁涂一层塑料而成；维纶塑料软管是用维纶丝织成网状管坯后在内、外壁涂注聚氯乙烯而成。

涂塑软管的优点是重量轻，管身柔软，便于移动，价格低，质地强，耐酸碱，抗腐蚀等。其缺点是易老化，不耐磨，怕扎、怕压折，一般只能使用2～3年。涂塑软管接头一般采用内扣式消防接头，常用规格有φ50、φ65和φ80等几种。这种接头用橡胶密封圈止水，密封性能较好。

（二）管道附件

喷灌工程中的管道附件主要为控制件和连接件。它们是管道系统中不可缺少的配件。控制件的作用是根据喷灌系统的要求来控制管道系统中水流的流量和压力，如阀门、逆止阀、空气阀、安全阀、减压阀、流量调节器等。连接件的作用是根据需要将管道连接成一定形状的管网，也称为管件，如弯

头、三通、四通、异径管、堵头等。

1. 控制件

（1）阀门。阀门是控制管道启闭和调节流量的附件。按其结构不同，可有闸阀、蝶阀、截止阀几种，采用螺纹或法兰连接，一般手动驱动。给水栓是半固定喷灌和移动式喷灌系统的专用阀门，常用于连接固定管道和移动管道，控制水流的通断。

（2）逆止阀。逆止阀也称止回阀，是一种根据阀门前后压力差而自动启闭的阀门，它使水流只能沿一个方向流动，当水流要反方向流动时则自动关闭。在管道式喷灌系统中常在水泵出口处安装逆止阀，以避免水泵突然停机时回水引起的水泵高速倒转。

（3）空气阀。喷灌系统中的空气阀常为KQ42X-10型快速空气阀。它安装在系统的最高部位和管道凸起的顶部，可以在系统充水时将空气排出，并在管道内充满水后自动关闭。

（4）安全阀。用于减少管道内超过规定的压力值，它可以防护关闭水锤和充水水锤。喷灌系统常用的安全阀是A49X-10型开放式安全阀。

（5）减压阀。它的作用是管道系统中的水压力超过工作压力时，自动减低到所需压力。适用于喷灌系统的减压阀有薄膜式、弹簧薄膜式和波纹管式等。

2. 管件

不同管材配套不同的管件。塑料管件和水煤气管件规格和类型比较系列化，能够满足使用要求，在市场中一般能够购置齐全。钢制管件通常需要根据实际情况加以制造。

（1）堵头。用于封闭管道的末端（图2-4）。

（2）弯头。主要用于管道转弯或坡度改变处的管道连接。一般按转弯的中心角大小分类，常用的有90°、45°等（图2-5）。

图2-4　堵头

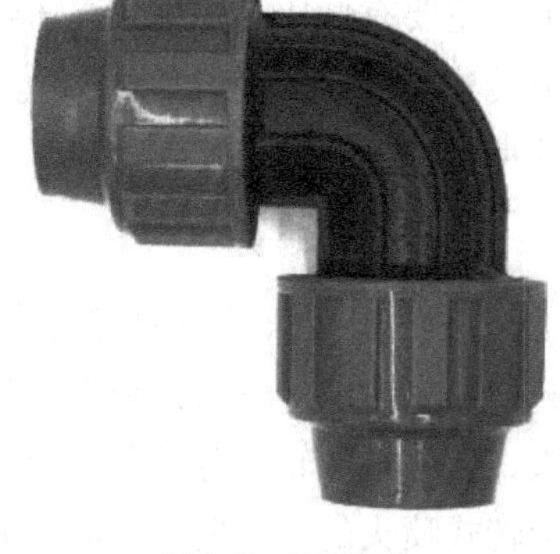

图2-5　90°弯头

（3）三通和四通。主要用于上一级管道和下一级管道的连接，对于单向分水的用三通，对于双向分水的用四通（图2-6、图2-7）。

图2-6　三通

图2-7　四通

（4）异径管。又称大小头，用于连接不同管径的直管段。

三、喷灌系统喷头的选择

（一）喷头的种类

喷头是将有压水喷射到空中的部件。喷头的种类很多，通常按喷头工作压力或结构形式进行分类。按工作压力分类，主要有低压、中压和高压喷头。按结构形式分类，主要有旋转式、固定式、孔管式3类。下面主要从结构形式上对喷头的种类进行介绍。

1. 旋转式喷头

旋转式喷头又称为射流式喷头，是目前使用的最普遍的一种喷头形式。一般由喷嘴、喷管、粉碎机构、扇形机构、弯头、空心轴和轴套等部分组成。其中，扇形机构和转动机构是旋转式喷头的最重要的组成部分。因此，常根据转动机构的特点对旋转式喷头分类，常用的形式有摇臂式、叶轮式、齿轮式和反作用式等。

（1）摇臂式喷头。摇臂式喷头是应用较广的一种。它是在喷管上方的摇臂轴上，套装一个前端设有偏流板（挡水板）和导流板的摇臂（图2-8、图2-9）。摇臂有两个作用：一个是接受喷嘴射流所施加的能量，驱击喷管，从而使喷头旋转；另一个是挡水板周期性地切入射流并击碎水柱，使喷洒水量得到均匀分布。摇臂式喷头的工作原理是其喷头的转动机构是一个装有弹簧的摇臂，在摇臂的前端有一个挡水板和一个导流板。当开始喷灌时，水舌通过挡水板或直接冲到导流板上，并从侧面喷出。水流的冲击力使摇臂发生转动，并把摇臂弹簧扭紧，然后在弹簧弹力作用下摇臂又回位，使挡水板和导流板切入水舌。在摇臂惯性力和水舌对挡水板切向附加力的作用下，敲击喷体使喷管转动，如此反复进行，喷头即可作全圆周转动。如在喷头上加设限位装置和换向机构，使喷管在转动一定角度后换向转动，即可进行扇形喷灌。这种喷头结构简单，但在有风或安装不平的情况下，会由于转速不匀而影响喷洒均匀度。而且在振动情况下会出现运转不正常。

图2-8　摇臂式喷头

图2-9　摇臂式喷头喷灌效果

还有一种是垂直摆臂式喷头，它是利用水流冲击垂直摆臂前端的导流器时产生的反作用力使喷头作间歇旋转运动，摆臂靠其后端的配重回转。喷头转动一定角度后，靠轭架滚轮与限位器配合通过传动杆推拉喷嘴前方的反转臂，使其切入或离开喷嘴射流，迫使喷头迅速反转。这种喷头具有受力均衡、工作平衡可靠、射程较远、流量调节范围大等优点，使用日益广泛。但所需压力较高，结构较复杂。

（2）叶轮式喷头。叶轮式喷头又称涡轮蜗杆式喷头，是利用主喷管下方设置的副喷管射出的水流，冲击其前方的叶轮旋转，并带动喷头连续转动，通过换向机构实现扇形喷灌。这种喷头转速平稳，受风和振动的影响较小，也不受震动的影响，可以直接装在拖拉机上做移动机组用，在坡地上也可以装在倾斜的竖管上，并可适当改善水量分布的均匀性，但该喷头结构较复杂，制作工艺要求高，成本较高，推广受到一定的限制。

（3）齿轮式喷头。齿轮式喷头是利用喷射水柱冲击安装在杆上的水润滑齿轮驱动器，驱动喷嘴绕轴旋转进行喷洒的喷头。此类广泛应用于草坪灌溉。

（4）反作用式喷头。反作用式喷头是利用水舌离开喷嘴时对喷头的反作用力直接推动喷管旋转的喷头。这类喷头结构一般比较简单，但其缺点是工作不可靠，所以推广受到很大限制。

2. 固定式喷头

喷灌过程中，所有部件固定不动，水流以全圆或扇形同时向四周散开，水流分散，射程小（5～10米）、喷灌强度大（15～20毫米/小时以上）、水滴细小，工作压力低。主要有折射式喷头、缝隙式喷头和离心式喷头3种。

（1）折射式喷头。折射式喷头是使喷嘴射出的水流，射到散水锥上被击散成薄水层向四周折射，是一种结构简单，没有运动部件的固定式喷头。一般由喷嘴、折射锥和支架组成（图2-10、图2-11）。水流由喷嘴垂直向上喷出，遇到折射锥即被击散成薄水层沿四周射出，在空气阻力作用下即可形成细小水滴散落在四周地面上。其压力较低，广泛用于苗圃、花园的固定式灌溉系统和半固定式喷灌系统的自走式喷灌机上。

（2）缝隙式喷头。缝隙式喷头是在管端开出一定形状的缝隙，使水流能均匀地散成细小的水滴，缝隙与水平面成30度角，使水舌喷得较远（图2-12、图2-13）。其工作可靠性比折射式要差，因为缝隙容易被污物堵塞，所以对水质要求较高，水在进入喷头前要经过认真的过滤。但是这种喷头结构简单，制作方便，一般用于扇形喷灌。

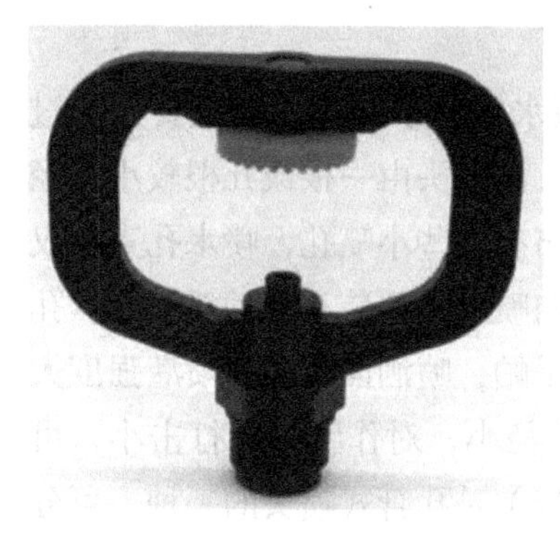

图2-10　折射式喷头

图2-11　折射式喷头喷灌效果

图2-12　缝隙式喷头

图2-13　缝隙式喷头喷灌效果

（3）离心式喷头。离心式喷头由喷管和喷嘴的蜗形外壳构成。工作时水流沿切线方向进入蜗壳，使水流绕垂直轴旋转或沿螺旋孔道进入喷体，使水流绕垂直的锥形轴或壁面产生涡流运动，这样水从喷孔中呈中空的环状锥形薄水层，并同时具

有沿径向外的离心速度和沿切向旋转的圆周速度向外喷出，甩出的薄水层水流在空气阻力作用下，裂散成细小的水滴而降落在喷头四周的地面上。

3. 孔管式喷头

孔管式喷头以小管作为灌水器，水滴的破碎主要是通过空气阻力和喷孔出的水压作用。该喷头由一根或几根较小直径的管子组成，在管子的顶部分布有一些小喷孔，喷水孔直径仅为1～2毫米。水流是朝一个方向喷出，并装有自动摇摆器。孔管式喷头工作压力为100～200千帕，喷洒面积小，喷灌强度大（可达50毫米/小时），水滴直径小，对作物叶面打击小，可实现局部灌溉。喷水带（微喷带）是孔管式喷头的一种，可分为单孔管、双孔管、多孔管。

孔管式喷头结构简单，成本较小，安装方便，技术要求相对其他喷头要低，同时喷头压力较低，容易实现和应用。但是水舌细小受风影响大，由于工作压力低，支管上实际压力受地形起伏的影响较大，通常只能应用于比较平坦的土地。此外，孔口太小，堵塞问题也非常严重，因此使用范围受到很大的限制。

（二）喷头的选择

喷头的选择包括喷头型号、喷嘴直径和工作压力的选择。在选定喷头之后，喷头的流量、射程等性能参数也就确定了。

1. 喷头的选择原则

按照国家标准《喷灌工程技术规范》的规定，喷头选择原则如下：①组合后的喷灌强度不超过土壤的允许喷灌强度值。②组合后的喷灌均匀系数不低于规范规定的数值。③雾化指标值应符合作物要求的数值。④有利于减少喷灌工程的年费用。

2. 喷头选择分析

小喷头要求的工作压力较低，能量消耗少，意味着运行成本较低，但由于其射程小，要求管道布置得较密，管道用量增大。大喷头射程远，管道间距大，要求的工作压力大，能量消耗较大，运行成本较高。所以在初选喷头时应根据具体条件经过技术经济分析多方面加以考虑。

对于旋转式喷头，目前我国应用最多的是国产的ZY系列、PY系列、PYS系列摇臂式喷头，PYC系列垂直摇臂式喷头，PSH系列、PSZ系列全射流喷头。

第三节　机组式喷灌系统设计

喷灌系统有不同的分类方法。按喷灌设备的形式不同，喷灌系统可分为机组式和管道式两种系统。

一、机组式喷灌系统类型

机组式喷灌系统是指将喷灌系统中有关部件组装成一体，组成可移动的机组进行作业。机组式喷灌系统类型很多。

（一）按大小分类

按大小分可分为轻型、小型、中型和大型喷灌机系统。

1. 小型喷灌机组

在我国主要是手推式或手台式轻小型喷灌机组（图2–14），有行喷式和定喷式喷灌机两种型号。行喷式喷灌机是一边走一边喷洒；定喷式喷灌机是在一个位置上喷洒完后再移动到新的位置上喷洒。行喷式喷灌机是在手抬式或手推车拖拉机上安装一个或多个喷头、水泵、管道，以电动机或柴油机为动力喷洒灌溉。其优点是：结构紧凑、机动灵活、机械利用率高，能够一机多用，单位喷灌面积的投资低。

图2–14　小型喷灌机

2. 中型喷灌机组

中型喷灌机组多见的是：卷管式（自走）喷灌机、双悬臂（自走）喷灌机、滚移式喷灌机和纵拖式喷灌机。

3. 大型喷灌机组

大型喷灌机技术就是为了扩大单机控制面积，通过增加喷枪射程或使带有许多喷头的长管自行移动，来解决大块农田和草场所存在的生产效率低、劳动强度大、单位面积投资成本高的问题而发展起来的。控制面积可达百亩，如平移式自走喷灌机、中心支轴式喷灌机等。

要根据不同的地形、不同的作物、不同的资金投入和管理水平，选择合适的机组式喷灌系统。南方地区河网较密，宜选用轻型（手抬式）、小型喷灌机（手推车式），少数情况下也可选中型喷灌机（如绞盘式喷灌机）。轻小型喷灌机特别适合田间渠道配套性好或水源分布广、取水点较多的地区。北方田块较宽阔，根据水源情况各种类型机组都有适用的可能性。但对大型农场，则宜选大、中型喷灌机，大中型喷灌机工作效率比较高。在耕地比较分散、水管理比较分散的地方适合发展轻、小型移动式喷灌机组，在干旱草原、土地连片、种植统一、缺少劳动力的地方适合发展大、中型喷灌机组。

（二）按结构分类

按照结构分可分为绞盘式喷灌机、滚移式喷灌机、中心支轴式喷灌机、平移式喷灌机。

1. 绞盘式喷灌机

绞盘式喷灌机属于行喷施喷灌机，主要由绞盘、水管、机架、导向装置、水力驱动装置、自动调向装置、行走轮等几部分组成（图2-15）。由于管上的给水栓通过软管供水，通常有3种类型：一种是将钢索绞盘连同驱动绞盘用的动力机、喷头等装在喷灌车上，钢索的一端固定在地头牵引喷灌车前进；另一种是将钢索绞盘及其动力机置于地头，通过钢索牵引装有喷头的喷灌车前进；还有一种是将作为供水支管的软管卷

绕在绞盘上，绞盘及喷头装在喷灌车或滑橇上，由软管牵引前进。水力驱动的绞盘式喷灌机是利用干管引来的高压水，通过水涡轮驱动绞盘作业，从而免去了动力机。

图2-15　绞盘式喷灌机

绞盘式喷灌机的特点是供水方式多样、工效高、省劳力、适宜长时期连续工作、工作稳定可靠、操作简单、结构紧凑、管理方便、造价相对较低等。绞盘式喷灌机适合灌溉具有一定规模且较平坦的地块，不宜用于坡度较大的地块。规模太小将不能充分发挥喷灌机工作效率，造成资源浪费。如坡度过大，上坡时小车回卷阻力加大，水涡轮负载过重，将严重影响回卷速度以及灌水量大小；下坡时小车自行下滑，易引起小车偏离作业道造成回卷困难。

2. 滚移式喷灌机

滚移式喷灌机也称滚轮式喷灌机，是一种大型半机械化喷灌机组，是将喷灌支管（一般为金属管）用法兰连成一个整体，每隔一定距离以支管为轴安装一个大轮子（图2-16）。

在移动支管时用一个小动力机推动，使支管滚到下一个喷位，每根支管最长可达400米。该机的主要特点是整条输水支管机动滚移，采取“步步为营”的田间作业方式，可表示为：定点喷洒—滚移—定点喷洒—滚移不断循环。具体作业顺序是首先在一个位置喷洒一段时间，达到灌水定额后，关闭干管上的给水栓，将引水软管与给水栓脱开。然后将输水支管里的水通过自动泄水阀和快速接头密封胶圈排泄干净。然后操作人员启动发动机，操纵驱动车把整条支管向前滚移18～20米。最后将引水软管与该位置的给水栓相连开启给水栓，开始第二个位置定点喷洒。如此循环直到完成一个灌溉周期。

图2–16　滚移式喷灌机

滚移式喷灌机的特点是结构简单，便于操作，对不同水源条件都适用；爬坡能力较强；运行可靠，损毁作物面积小；投资小。但是滚移式喷灌机要求有丰富水源，不能喷灌长的较高的作物。适用于矮秆作物如蔬菜、小麦等，要求所灌溉

地形比较平坦。

3. 中心支轴式喷灌机

中心支轴式喷灌机又称时针式喷灌机、圆形喷灌机，是将喷灌机的转动支轴固定在灌溉面积中心，绕中心轴旋转的多支点大型喷灌机（图2-17）。它的喷水管、支管由一节一节的薄壁镀锌钢管连接而成，其上按一定要求布置有许多低压喷头。中心支轴式喷灌机的支管长度一般在600～800米，支管离地面高约2～3米，根据灌溉水量的要求，支管转一圈为3～4天，最长可达20天，控制面积为200～3 000亩。长的、多跨式连接臂围绕着自身固定的中心圆形旋转，循环灌溉土地，根据跨的数目和长度，直径可长达1 200米。中心支轴式喷灌机工作时，由固定式或移动式输水管给水栓送水，也有的就在支轴中心处打机井，直接由水泵抽取机井中的水供水。压力水由中心支轴下端进入，经支管到各个喷头喷洒到田间，驱动机构带动各塔架的行走机构，使整个喷洒支管绕中心支轴作缓慢的转动，实现行走喷洒。

图2-17　中心支轴式喷灌机

中心支轴式喷灌机喷洒图形为圆形，对于正方形耕地四个角上不能受水，为解决这个问题，以提高土地利用率：一种方法是在末端加远射程喷头，当机组转至地角时，用自动启闭阀门和升压泵启动远射程喷头对地角做扇形喷洒；另一种方法是在末端塔架设角臂装置，多加一段支管和一个塔架，角臂平时收靠在末端塔架的支管旁边，当机组转向地角时，角臂逐渐收回角臂上的喷头自动停止工作，角臂地伸出与回收是由自动控制系统控制的。但增加角臂会使整机的造价增加很多，所以使用角臂的并不多。如果是大面积的喷灌，可布置多台中心支轴式喷灌机，并布置成三角形，这样可大大减少喷洒不到的地块。在喷洒不到的地块上也可布置其他田间设施和建筑，此时就不用设置角臂装置了。

中心支轴式喷灌机的优点是：自动化程度高，与地面灌溉相比可省工90%以上，与其他喷灌机相比可省工25%～75%，而且能昼夜自动喷灌，一人在中心控制室可同时操作8～12台喷灌机，工作效率很高；灌水质量好，灌水定额在5～100毫米内调节，均匀度高，均匀系数可达85%以上；能耗低、抗风能力强，采用低压喷头并低垂安装，降低了能耗，提高了抗风能力；适应性强，不同的跨体长度对应不同的爬坡能力，爬坡能力可达9°～18°，几乎适宜所有作物和土壤；一机多用，可结合喷施化肥和农药等，对于氮肥溶液有很好的喷施效果。

中心支轴式喷灌机适用于地形较平坦、连片的大块耕地、草原和作物种类统一、地面无树木、线路以及其他障碍物的大面积地区。

4. 平移式喷灌机

平移式喷灌机又称连续直线自走式喷灌机，它是由中心支轴式喷灌机发展而来的，实际上，是两台中心支轴式喷灌机在其中心支轴处代之以中央控制塔车并呈反对称组装而成的（图2-18）。其外形和中心支轴式喷灌机十分相似，也是由几个到十几个塔架支撑一根很长的喷洒支管，一边行走一边喷洒，由软管向支管供水，也可以使支管骑在沟渠上行走或是支管一端沿沟渠行走以直接从沟渠中吸水。但是它的行走方式与中心支轴式喷灌机不同，中心支轴式喷灌机的支管是转动的，平移式的支管是横向平移，所以平移式的喷灌强度沿支管各处是一样的。

图2-18　平移式喷灌机

平移式喷灌机与中心支轴式喷灌机相比，具有自动化程度高、灌水质量好、能耗低、抗风能力强、一机多用等优点。在喷灌形状上也优于中心支轴式喷灌机，其喷灌形状为条形，对于方形和长方形地块无漏喷现象。但是平移式喷灌机喷洒时整机只能沿垂直支管方向作直线移动，而不能沿纵向移动，相邻塔架间也不能转动。为此，平移式喷灌机在运行中必须有导向设备。另外，平移式喷灌机取水的中心塔架是在不断移动的，因而取水点的位置也在不断变化。一般采用的方法是明渠取水和拖移的软管供水，地面水源输配工程较复杂，并有一定占地。对水源条件适用方面，除可利用地下水，单机要求供水量80米^3/时以上外，还可以利用地表水。投资上达到一定规模后，单机控制面积500亩以上，与其他大型喷灌设备相比造价较高。

二、轻、小型喷灌机组系统设计

对于轻、小型喷灌机组，一般，在地块较小、水源较分散或坡度较大的地方，可采用手提式或手抬式喷灌机组，在面积较大、种植作物单一、水源充足，以及地面比较平坦的地方，可采用手推式小型喷灌机或拖拉机配套的小型喷灌机组。

（一）确定机组台数

1. 单台机组的控制面积

单台机组的控制面积可按下式计算：

$$A_0=\frac{TtQ}{0.667m}$$

式中，A_0为单台喷灌机组的控制面积（公顷）；T为灌水周期（天）；t为喷灌机组每天净喷灌时间，一般可按8～10小时计算；Q为喷灌机组流量（米^3/小时），根据喷头的喷水量计算得到；m为灌水定额（毫米）。

2. 机组台数

喷灌面积上所需喷灌机组的台数按下式计算：

$$n=\frac{A}{A_0}$$

式中，n为机组台数，计算值不是整数时，取大于该值的整数；A为设计喷灌面积（公顷）；A_0为单台喷灌机组的控制面积（公顷）。

（二）喷洒方式和喷头的组合形式

1. 全圆喷洒

多喷头作业的定喷机组式喷灌系统的喷洒方式多采用全圆喷洒，喷头的布置与管道式喷灌系统相同，一般在风向多变的情况下，采用正方形布置，在有稳定主风向的情况下，采用矩形或等腰三角形布置。

2. 扇形喷洒

单喷头作业的定喷机组式喷灌系统的喷洒方式有时采用扇形喷洒。作业时，喷灌机如为单向控制，喷头最好顺风向喷洒。喷灌机如为双向控制，则喷头应垂直风向喷洒。喷洒扇形，中心角一般可采用270°，以便给机组的移动留出一条干燥的退路，对于多喷头作业的定喷机组式喷灌系统，在灌溉季节风向稳定且有条件顺风喷洒的情况下，亦可采用扇形喷洒。在地块边缘有道路、房屋等不应喷洒时，则需在田边布置喷头作180°或90°的扇形喷洒。

3. 喷头组合形式

一般在管道式喷灌系统中，除了位于地块边缘的喷头作扇形喷洒外，其余均采用全圆喷洒。在移动机组式系统中，为了避免喷湿机行道，给机组移动带来困难，一般都采用扇形喷洒方式。

（三）田间布置

对于不同的机组形式，可考虑不同的布置方式，如直联式单喷头机组，它的喷头是与水泵直联的，机组整个进入田间操作，因此就需要按喷点间距布置集水井（工作池），并用渠道或暗管输水，将各工作池串通，同时布置机行道，以备机组出入，如果是管引式（喷头与水泵间以管道连接）机组，则需按喷头间距、支管间距布置支管位置及干管（或渠道）位置并在干管或渠道上按支管间距布置给水栓或机组工作池，在一般情况下应尽可能使支管顺耕作方向布置，在坡地、梯田、支管应顺等高线布置。

喷灌系统工作时的组合喷灌强度，决定于喷头水力性能（喷水量与射程）、喷洒方式和布置间距等，因此当选择了喷头型号、布置间距和工作制度以后，应检验其组合后的喷灌强度，看看是否在灌区土壤允许喷灌强度的范围之内。

（四）喷灌强度与喷灌时间

1. 喷灌强度

在喷头的性能表中常给出喷灌强度值，决定于喷头水力性能（喷水量与射程）、喷洒方式和布置间距等，因此当选择了喷头型号、布置间距和工作制度后，应检验其组合后的喷灌强度，看看是否在灌区土壤允许喷灌强度范围之内。

在喷头的性能表中常给出喷灌强度值，用ρ_s表示。喷灌强度是指单喷头全圆喷洒的计算喷灌强度，即此时的控制面积$S=\pi R^2$（R为喷头射程）。但在特定的喷灌系统中，由于采用的一喷洒方式与喷头组合形式不同，单喷头实际控制面积往往不是以射程为半径的圆面积，因此组合后的喷灌强度需另行计算，因有些情况下的喷头控制面积计算比较复杂，为了简化计算，引入一个换算系数（或称布置系数），列于下式：

$$\rho=C_\rho\rho_s$$

式中，ρ为喷灌系统的组合喷灌强度（毫米/小时）；ρ_s为喷头性能规格中给出的喷灌强度（毫米/小时）；C_ρ为换算系数，以射程为半径的全圆面积与实际喷头控制面积之比值，故与喷洒方式、同时工作的喷头布置等因素有关。

2. 喷灌时间

喷灌时间是指为了达到既定的灌水定额，喷头在每个位置上所需连续喷洒的时间，可按下式计算：

$$t=\frac{mS}{1000Q_p}$$

式中，t为喷灌时间（小时）；m为设计灌水定额（毫米）；S为喷头有效控制面积；Q_P为喷头流量（米^3/小时）。

（五）田间工程设计

轻、小型机组式喷灌系统除水源外都是可移动的，所以其田间工程设计主要是设计输水明渠或暗管，确定工作池尺寸以及布置机行道等。

1. 明渠

输水明渠的设计流量应根据自其中取水的喷灌机的喷水

量，并考虑输水损失确定，如果渠道还兼作田间排水用，则还应考虑排水流量的要求，输水明渠最好加以衬砌或采用其他的防渗措施，以减少输水损失，提高水的利用系数。

渠道是不加衬砌的土渠时，一般都做成梯形断面，其断面边坡系数视土质而定，通常为1∶1～1∶1.5，对砂性土壤，边坡应缓些，黏重土壤则可陡些，混凝土或砖石衬砌渠道，可采用矩形断面。如用预制混凝土构件衬砌，则可做成U形断面，以改善受力情况并增大输水能力。

2. 暗管

暗管的埋设深度应考虑机耕和冬季防冻，因此至少为0.6米，并宜埋设于本地冻土层深度以下，定喷机组式系统的输水暗管，一般是低压管道，可采用混凝土管或缸瓦管，亦可因地制宜采用其他管材，在确保安全运行的前提下降低造价，暗管的断面尺寸计算方法与一般输水管道相同。为防止堵塞，暗管从明渠引水时，进口应设置拦污栅。

3. 工作池

工作池是喷灌机组的取水点，由于水泵吸水要求有一定的水深，所以机组从明渠或暗管吸水时，一般都应设置集水的水池。目前我国大量的定喷机组是轻、小型，所用的水泵流量都不太大。因此，工作池中的水深只要保持在50厘米左右就可以，如果明渠或暗管内的水深超过此值，亦可不设工作池。对于大、中型的定喷机组，工作池的尺寸应按水泵进水池的有关规定设计。若暗管的直径较大。为了便于清除来自暗管中的泥沙、污物和探测管内是否损坏等情况，工作池应能容得人上下。有条件时，暗管上的工作池最好能加盖。

4. 机行道

沿着农渠或输水暗管一侧，应设机行道，如果为直联式单喷头机组，还应沿着工作渠或工作暗管一侧布置机行道。机行道的宽度应大于机组的宽度，以确保机组能方便地移动。地下输水暗管一般多与机行道结合，下面是暗管，上面是机行道，这时工作池与机行道可采用以下几种布置方式。①使池口与路面齐平，池口加盖，盖上留通气孔。②使工作池设置在路边，用一根小管与池的顶部连接。③在设置工作池的地方，把该段暗管拐向路的一侧。

第四节　管道式喷灌系统设计

一、管道式喷灌系统类型

管道式喷灌系统指的是以各级管道为主体组成的喷灌系统，按照可移动的程度，分为移动管道式、固定管道式和半固定管道式3种。

（一）移动管道式喷灌系统

移动管道式喷灌系统是直接从田间渠道、井、塘吸水，其动力、水泵、管道和喷头全部可以移动，可在多个田块之间轮流喷洒作业。在经济不发达、劳动力较多且灌溉次数较少的地区，常采用移动管道式喷灌系统。这种系统的机械设备利用率高，管材用量少，投资小，节省了单位面积的投资费用，应用广泛。缺点是所有设备（特别是动力机和水泵）都要拆卸、搬运，劳动强度大，生产效率低，经常性的移动、拆卸容易引起系统连接点的损坏，设备维修保养工作量大，还可能损伤作物。一般适用于经济较为落后、气候严寒、冻土层较深的地区。

（二）固定管道式喷灌系统

固定管道式喷灌系统由水源、水泵、管道系统及喷头组成（图2-19）。除喷头外，喷灌系统的动力、水泵等所有组成部分均固定不动，阀门设备、输（配）水干管（分干管）及工作支管等各级管道埋入地下，支管上设有竖管，根据轮灌计划，喷头轮流安设在竖管上进行喷洒。现在运用的地埋伸缩式喷头，连喷头也埋在地下，平时缩入套管或检查井内，工作时，利用水压，喷头上升一定高度后喷洒。固定式喷灌系统引水方式一般是：外部引水至泵房，通过水泵加压再输送给主管，主管输给（次主管）支管，支管上竖立管再接喷嘴，在次主管或支管上设阀门控制喷嘴数量和喷洒面积。

图2-19　固定管道式喷灌系统

固定式喷灌系统的优点是：操作管理方便，便于实行自动化控制，生产效率高，运行费用低，占地少。缺点是：投资大，亩均投资在1 000元左右（不含水源），竖管对机耕和其他农业操作有一定影响，全套设备只固定在一块地上使用，设备利用率低。各国发展的面积都不大，一般适用于经济条件较好的城市园林、花卉和草地的灌溉，以及灌水次数频繁、经济效益高的蔬菜和果园等，也可在地面坡度较陡的山丘和利用自然水头喷灌的地区使用。

（三）半固定管道式喷灌系统

半固定管道式喷灌系统，组成与固定式相同。动力、水泵固定，输、配水干管、分干管埋入地下，通过连接在干管、分干管伸出地面的给水栓向支管供水，支管、竖管和喷头等可以拆卸移动，在不同的作业位置上轮流喷灌，可以人工移动，也可以机械移动。半固定式喷灌系统设备利用率较高，运行管理比较方便，世界各国广泛采用。投资适中（亩均投资650～800元），是目前国内使用较为普遍的一种管道式喷灌系统。一般适用于地面较为平坦，灌溉对象为大田粮食作物。

二、田间管道系统布置

（一）田间管道系统布置形式

田间管道系统的布置取决于田块的形状、地面坡度、耕作与种植方向、灌溉季节的风速与风向、喷头的组合间距等情况，需进行多方案比较，择优选用，主要有“丰”字形和梳齿形两种布置形式（图2-20、图2-21）。

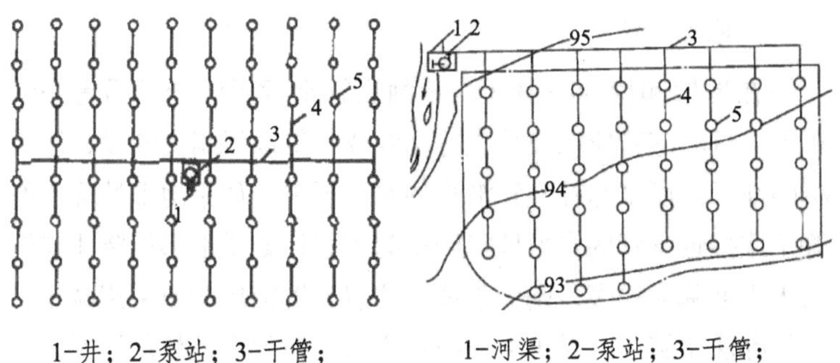

1-井；2-泵站；3-干管；
4-支管；5-喷头

图2-20　“丰”字形布置

1-河渠；2-泵站；3-干管；
4-支管；5-喷头

图2-21　梳齿形布置

（二）田间管道系统布置原则

（1）应符合喷灌工程规划的要求。

（2）喷洒支管应尽量与耕作和作物种植方向一致。

（3）喷洒支管最好平行等高线布置，如果条件限制，至少也应尽量避免逆坡布置。

（4）在风向比较恒定的喷灌区，支管最好垂直于主风向布置，应尽量避免平行主风向布置。

（5）喷洒支管与上一级管道的连接，应避免锐角相交，支管铺设应力求平顺、减少折点。

在贯彻以上原则时，有时会出现矛盾，这时应根据具体情况进行分析比较，分清主次，因地制宜地确定布置方案。

（三）田间管道系统布置的影响因素

影响田间管道系统布置的因素很多，经常会遇到各因素之间相互制约的现象，造成在相同的条件下常常能作出多种可能的布置方案。

1. 地形条件

在地形起伏的喷灌区，喷洒支管常常无法全部沿等高线布置。这时支管应顺坡垂直等高线或与等高线斜交铺设，以下降的地形高度来弥补支管沿程的水头损失。如果地形坡降正好等于或接近支管的水力坡降则最为理想；如果地形坡降比支管的水力坡降大得多，则应于适当位置布置减压阀或采用减小管径的办法来解决。对于上一级管道只能布置在低处的情况，逆坡铺设的支管不能太长。

2. 地块形状

地块形状不规则会给田间管道布置带来困难。一般对半固定式和移动式管道系统来说，支管在地块中的走向应一致，应尽量使多数支管的长度相同。

3. 耕作与种植方向

有的喷灌区处于缓坡地带，传统的耕作、种植方向是顺坡。若喷洒支管按平行于等高线布置，则与耕作、种植方向不能保持一致。当喷洒支管移动使用时会造成很多困难，甚至损伤作物。这时应按耕种方向顺坡布置喷洒支管。有时在同一地块内存在不同的耕作种植方向，这时就应通过技术经济分析和方案比较，将耕作方向调整统一。

4. 风向和风速

风对喷灌的灌水质量影响很大。在喷灌季节若喷灌区内风速很小，则喷洒支管的布置可不考虑风向，而以满足别的要求为主。若风速达到或超过2米/秒且有主风向时，喷洒支管应垂直主风向布置，这样在风的作用下喷头横向射程可用密支管上的喷头数来弥补。

5. 水源位置

这里主要是指平原井灌区，一眼井控制200亩左右土地，形成一个小系统。

三、管道纵剖面设计

管道纵剖面设计应在系统平面布置图绘制后进行，设计的主要内容是确定各级固定管道在立面上的位置及各种管道附件的位置。管道的纵剖面应力求平顺，减少折点，有起伏时应避免产生负压。

（一）埋深及坡度

地埋管的埋深指管顶距地面的垂直距离。埋深应根据当地的气象条件、地面荷载和机耕要求确定。一般管道在公路下埋深应为0.7～1.2米；在农村机耕道下埋深耕为0.6～0.9米。在北方寒冷地区，埋深应在最大冻土层深以下，若浅埋管道，必须有防冻胀措施。地埋管的坡度主要视地形条件而定，同时也应考虑地基好坏及管径大小。一般在地形条件许可的情况下，管径小，基础稳定性好的管坡可陡一点；反之应缓些。总的来说，管道坡度不得超过1∶1，常用的控制在1∶1.5～1∶3以下。

（二）管道连接及附件

地埋管道的连接多采用承插或粘接的形式，转向处用弯头，分水处用三通或四通，管径改变处采用异径接头，管道末端用堵头。为方便施工和安装，同类管件应考虑其规格尽量划一。

为了按计划进行输水、配水，管道系统上应装置必要的控制阀。各级管道的首端应设进水阀或分水阀；当管道过长或压力变化过大时，应设一个节制阀。为保证管道的安全运行，还应安装一些附属装置。自压喷灌系统的进水口和各类水泵吸水管的底端应分别设置拦污栅和滤网，管道起伏的高处应设排气装置，自压喷灌系统进水阀后的干管上应设高度高出水源水面高程的通气管，管道起伏的低处及管道末端应设泄水装置，管道可能发生最大水锤压力处应设置安全阀。

（三）管床

床若为岩基，开凿平顺后应铺砂层。若为土基，应视土质的均匀密实程度，采用原土基或进行夯实后再铺管。若土质很差，管径又大，还应设置由浆砌砖石或混凝土砌筑的支墩支撑管道。

（四）管道系统结构设计

各级管道的平面位置和立面位置确定后，即可进行管道系统的结构设计。设计时应注意。①竖管的高度应以作物植株不阻碍喷头的正常喷洒为最低限。常用的竖管高度在0.5～2米之间。当竖管高度超过1.5米或使用的喷头较大时，为使竖管稳定，应增设竖管支架。②管道的适当位置应留有安装压力表的测压孔，以监测管网压力是否达到设计要求。③地埋管道的阀门处建阀门井，阀门井的尺寸以便于操作检修为度。④对温度和不均匀沉陷比较敏感的固定管道应设柔性接头。柔性接头间隔距离应视管材、管径、地形、地基等情况确定。⑤对于管径较大或管坡较陡的固定管道，为了稳定管道位置，不使管道发生任何方向上的位移，在管道的变坡、转弯的分界处应设镇墩。在明设固定管道上，当管线较长时也应设支墩。

（五）管道系统各控制点压力的确定

管道系统各控制点的压力是指支管、分干管、干管入口和其他特殊点的测管水压力。在这些控制点处，通常均设有调节阀门和压力表，以保证系统正常运行。计算各控制点在不同轮灌组作业时的压力水头并列表表示，不仅为选择水泵提供了依据，更重要的是为指导系统正确运行提供了基础数据。

第三章 微灌系统

第一节 微灌的概念、特点及组成

一、微灌的概念

微灌是指按照作物需水要求，通过低压管道系统与安装在末级管道上的特制灌水器，将水和作物生长所需的养分以较小的流量均匀、准确地直接输送到作物根部附近的土壤表面或土层中的灌水方法。与传统的地面灌溉和全面积都湿润的喷灌相比，微灌只以少量的水湿润作物根区附近的部分土壤，因此又叫局部灌溉。

微灌灌水流量小，一次灌水延续时间较长，灌水周期短，需要的工作压力较低，能够较精确地控制灌水量，能把水和养分直接地输送到作物根部附近的土壤中去。按灌水时水流出流方式的不同，可以将微灌分为如下三种形式。

1. 滴灌

滴灌是通过安装在毛管上的滴头、孔口或滴灌带等灌水器将水一滴一滴地，均匀而又缓慢地滴入作物根区附近土壤中的灌水形式（图3-1）。由于滴水流量小，水滴缓慢入土，因而在滴灌条件下除紧靠滴头下面的土壤水分处于饱和状态外，其他部位的土壤水分均处于非饱和状态，土壤水分主要借助毛管张力作用入渗和扩散。

图3-1　滴灌

2. 地表下滴灌

地表下滴灌是将全部滴灌管道和灌水器埋入地表下面的一种灌水形式，这种灌水形式能克服地面毛管易于老化的缺陷，防止毛管损坏或丢失，同时方便田间作业。与地下渗灌和通过控制地下水位的浸润灌溉相比，区别仍然是仅湿润部分土体，因此叫地表下滴灌。

3. 涌泉灌溉

涌泉灌溉是通过安装在毛管上的涌水器形成的小股水流，以涌泉方式使水流入土壤的一种灌水形式（图3-2）。涌泉灌溉的流量比滴灌和微喷大，一般都超过土壤的渗吸速度。为了防止产生地面径流，需要在涌水器附近挖一小灌水坑暂时储水。涌泉灌尤其适合于果园和植树造林的灌溉。

图3-2 涌泉灌溉

二、微灌的特点

（一）优点

1. 省水

微灌系统全部由管道输水，很少有沿程渗漏和蒸发损失；微灌属局部灌溉，灌水时一般只湿润作物根部附近的部分土壤，灌水流量小，不易发生地表径流和深层渗漏；另外，微灌能适时适量地按作物生长需要供水，较其他灌水方法，水的利用率高。

2. 节能

微灌的灌水器在低压条件下运行，一般工作压力为50～150千帕，比喷灌低；又因微灌比地面灌溉省水，灌水利用率高，对提水灌溉来说这意味着减少了能耗。

3. 增产

微灌能适时适量地向作物根区供水供肥，有的还可调节棵间的温度和湿度，不会造成土壤板结，为作物生长提供了良好的条件，因而有利于实现高产稳产，提高产品质量。

4. 节省劳动力

微灌系统不需平整土地，开沟打畦，可实行自动控制，大大减少了田间灌水的劳动量和劳动强度。

5. 灌水均匀

微灌系统能够做到有效地控制每个灌水器的出水量，灌水均匀度高，均匀度一般可达80%～90%。

6. 对土壤和地形的适应性强

微灌系统的灌水速度可快可慢，对于入渗率很低的黏性土壤，灌水速度可以放慢，使其不产生地面径流。对于入渗率很高的砂质土，灌水速度可以提高，灌水时间可以缩短或进行间歇灌水，这样做既能使作物根系层经常保持适宜的土壤水分，又不至于产生深层渗漏。由于微灌是压力管道输水，不一定要求对地面整平。

（二）缺点

1. 易引起堵塞

灌水器的堵塞是当前微灌应用中最主要的问题，严重时会使整个系统无法正常工作，甚至报废（在输油管道上打孔盗油可以导致管道报废）。引起堵塞的原因可以是物理因素、生物因素或化学因素。如水中的泥沙、有机物质或是微生物以及化学沉凝物等。因此，微灌对水质要求较严，一般均应经过过滤，必要时还需经过沉淀和化学处理。

2. 可能限制根系的发展

由于微灌只湿润部分土壤，加之作物的根系有向水性，这样就会引起作物根系集中向湿润区生长。另外，在没有灌溉就没有农业的地区，如我国西北干旱地区，应用微灌时，应正确地布置灌水器；在平面上要布置均匀，在深度上最好采用深埋方式。

3. 可能引起盐分积累

当在含盐量高的土壤上进行微灌或是利用咸水微灌时，盐分会积累在湿润区的边缘，若遇到小雨，这些盐分可能会被冲到作物根区而引起盐害，这时应继续进行微灌。在没有充分冲洗条件的地方或是秋季无充足降雨的地方，则不要在高含盐量的土壤上进行微灌或利用咸水微灌。

总之，微灌的适应性较强，使用范围较广，各地应根据当地自然条件、作物种类等因地制宜地选用。

三、微灌系统的组成

微灌工程通常由水源工程、首部枢纽、输配水管网和灌水器四部分组成。

1. 水源工程

河流、湖泊、塘堰、沟渠、井泉等，只要水质符合微灌要求，均可作为微灌的水源。为了充分利用各种水源进行灌溉，往往需要修建引水、蓄水和提水工程，以及相应的输配电工程，这些通称为水源工程。

2. 首部枢纽工程

首部枢纽是整个微灌系统的驱动、检测和控制中枢，主要由水泵及动力机、过滤器等水质净化设备、施肥装置、控制阀门、进排气阀、压力表、流量计等设备组成。其作用是从水源中取水经加压过滤后输送到输水管网中去，并通过压力表、流量计等量测设备监测系统运行情况。

3. 输配水管网

输配水管网的作用是将首部枢纽处理过的水按照要求输送分配到每个灌水单元和灌水器。包括干、支管和毛管三级管道。毛管是微灌系统末级管道，其上安装或连接灌水器。

4. 灌水器

灌水器是微灌系统中的最关键的部件，是直接向作物灌水的设备，其作用是消减压力，将水流变为水滴、细流或喷洒状施入土壤，主要有滴头、滴灌带、微喷头、渗灌滴头、渗灌管等。微灌系统的灌水器大多数用塑料注塑成型。

第二节 微灌系统设备的选择

一、首部枢纽配置及水泵选择

（一）首部枢纽配置

集中安装于系统进口部位的加压、调节、控制、净化、施肥（药）、保护及测量等设备的集成称为首部枢纽。首部枢纽的设计就是为了正确选择和合理配置有关设备和设施，以保证微灌系统实现设计目标。

1. 水泵

离心泵和潜水泵是微灌系统应用最普遍的泵型，选型时要注意工作点位于高效区。

2. 过滤器

选择过滤设备主要考虑水质和经济两个因素。筛网过滤器是最普遍使用的过滤器，但含有机污物较多的水源使用沙过滤器能得到更好的过滤效果，含沙量大的水源可采用旋流式水沙分离器，且必须与筛网过滤器配合使用。筛网的网孔尺寸或沙过滤器的滤沙应满足灌水器对水质过滤的要求。

3. 水表

水表的选择要考虑水头损失值在可接受的范围内，并配置于肥料注入口的上游，防止肥料对水表的腐蚀。

4. 压力表

选择测量范围比系统实际水头略大的压力表，以提高测量精度，最好在过滤器的前后均设置压力表，以便根据压差大小确定清洗时机。

5. 进排气阀与排水阀

进排气阀一般设置在微灌系统管网的高处或局部高处，在首部枢纽应在过滤器顶部和下游管上各设一个。其作用为在系统开启充水时排除空气，系统关闭时向管网补气，以防止负压产生。

（二）水泵选型

根据系统设计扬程和流量可以选择相应的水泵型号，一般所选择的水泵参数应略大于系统的设计扬程和流量，然后再由该水泵的性能曲线校核其他轮灌组要求的流量和压力是否满足。

二、微灌管道及管件

各种管道与连接件按设计要求安装组合成一个微灌输水网络，起着按作物需水要求向田间和作物输水和配水的作用。管道与连接件在微灌工程中用量大、规格多、所占投资比重也较大，因而管道与连接件型号规格的不同和质量的好坏，不仅直接关系到微灌工程投资大小，而且也关系到微灌能否正常运行及发挥最佳经济效益。为此，设计者与使用者必须了解各种微灌用管道和连接件的作用、种类、型号、规格及性能，才能正确合理地设计与管理好微灌工程。

1. 对微灌用管道与连接件的要求

微灌工程采用低压力管网输水与灌水，由于管网中各级管道的功用不同，对管道与连接件的要求也不相同。对于大型微灌工程的骨干输水管道（如上、下山干管，输水总干管等），当塑料管道与连接件的品种和性能不能满足设计要求时，可采用其他材质的管道与连接件，如钢管、铸铁管、钢筋混凝土管、钢丝网水泥管等管道及其连接件。但对过滤器以后的管网则全部采用塑料管道及连接件。不论采用哪种材质的管道与连接件，都必须满足下列要求。

（1）能承受一定的水压力。各级管道必须能承受设计工作压力才能保证安全输水与配水，因此在选择管道时一定要了解各种管道与连接件的承压能力。管道的承压能力与管道与连接件的材质、规格型号及连接方式等有直接关系。

（2）耐腐蚀抗老化性能较强。微灌工程管网要求所用的管道与连接件应具有耐腐蚀和较强的抗老化性能。保证微灌系统在灌溉输水与配水、肥液过程中不发生或极少发生锈蚀、化学沉淀、藻类等微生物繁殖等，从而保证避免（或最大限度地）灌水器及微灌系统产生堵塞现象，使灌水器有较长的使用寿命。

（3）规格尺寸与公差必须符合技术规定标准。各种管道与连接件都应按照有关部门规定的技术标准要求进行生产。技术规定标准主要内容包括：管径偏差与壁厚及偏差必须在技术标准允许范围内；管道内壁要光滑平整清洁；管壁外观光滑，无凹陷、裂纹和气泡，要求连接件无飞边和毛刺。对塑料管道与连接件，则必须按规定标准添加一定比例的炭黑，保证管壁不透光。

（4）便于运输和安装。各种管道均应按有关规定制成一定长度。以便于用户安装与减少连接件用量及节省投资。

2. 管道与连接件种类

针对一般微灌工程大多采用塑料管的特点，结合管网等级分类，重点介绍塑料管道。对仅限于大型微灌工程中引、输水主管道所采用的其他材质的管道，只作简要介绍。

（1）塑料管。用于微灌系统的塑料管道主要有三种：聚乙烯管、聚氯乙烯管和聚丙烯管。塑料管道具有抗腐蚀、柔韧性较高，能适应土壤较小的局部沉陷，内壁光滑、输水摩阻糙率小、相对密度小、重量轻和运输安装方便等优点，是理想的微灌用管道。①聚乙烯管（PE）。聚乙烯管有：a.高压低密度聚乙烯管，为半软管，管壁较厚，对地形适应性强，是目前国内微灌系统使用的主要管道；b.低压高密度聚乙烯管，为硬管，管壁较薄，对地形适应性不如高压聚乙烯管。②聚氯乙烯管（PVC）。聚氯乙烯管道是用聚氯乙烯树脂与稳定剂、润滑剂配合后经制管机挤出成型的，它具有良好的抗冲击和承压能力，刚性好。但耐高温性能较差，在50℃以上时即会发生软化变形。③聚丙烯管（PP）。聚丙烯管是采用聚丙烯，经挤出工艺生产的管材。行业标准为SL/T《喷灌用塑料管基本参数及技术条件——聚丙烯管》。压力等级为0.25兆帕、0.4兆帕、0.63兆帕和1.00兆帕级。

（2）其他管道。①铸铁管。铸铁管一般可承受980～1 000千帕的工作压力。优点是工作可靠，使用寿命长。缺点是输水糙率大，质脆，单位长度重量较大，每根管长较短（4～6米），接头多，施工量大。②钢管。钢管的承压能力最高，一般可达1 400～6 000千帕，与铸铁管相比它具有管壁薄、用材省和施工方便等优点。缺点是容易产生锈蚀，这不仅缩短了它的使用寿命，而且也能产生铁絮物引起微灌系统堵塞，因此在微灌系统中一般很少使用钢管材，仅限于在主过滤器之前作高压引水管道用。③钢筋混凝土管。钢筋混凝土管

主要有承插式自应力钢筋混凝土管和预应力钢筋混凝土管两种。钢筋混凝土管能承受400～700千帕的工作压力。优点是可以节约大量钢材和生铁，输水时不会产生锈蚀现象，使用寿命长，可达40年左右。缺点是质脆，管壁厚，单位长度重，运输困难。在微灌工程中主要用在过滤器以前作引水管道。④石棉水泥管。石棉水泥管是用75%～85%的水泥与15%～12%的石棉纤维（质量比）混合后用制管机卷成的。石棉水泥管具有耐腐蚀、重量较轻、管道内壁光滑、施工安装容易等优点。缺点是抗冲击力差。石棉水泥管一般可承受600千帕以下的工作压力，在微灌系统中主要用于过滤器之前作引水管道。

（3）连接件。连接件是连接管道的部件，亦称管件。管道种类及连接方式不同，连接件也不同。现在就微灌用塑料管道的连接方式和连接件分述如下。

①接头。接头的作用是连接管道，根据两个被连接管道的管径情况，分为同（等）径和变（异）径接头两种。塑料接头与管道的连接方式主要有套管粘接、螺纹连接和内承插式三种。②三通与四通。毛通与四通主要用于管道分叉时的连接，与接头一样，三通有等径和变径三通之分，根据被连接管道的交角情况又可以分为直角三通与斜角两种。三通的连接方式及分类和接头相同。③弯头。在管道转弯和地形坡度变化较大之处就需要使用弯头来连接管道，弯头有90°和45°两种，即可满足整个管道系统安装的要求。④堵头。堵头是用来封闭管道末端的管件。对于毛管在缺少堵头时也可以直接把毛管末端折转后扎牢。

三、过滤器与过滤设施

1. 拦污栅（筛网）

主要用于河流、库塘等含有较大体积杂物的灌溉水源中，拦截枯枝残叶、杂草和其他较大的漂浮物等，防止杂物进入沉淀池或蓄水池中。拦污栅构造简单，可以根据水源实际情况自行设计和制作。

2. 沉淀池

沉淀池是灌溉用水水质净化初级处理设施之一，尽管是一种简单而又古老的水处理方法，但却是解决多种水源水质净化问题的有效而又经济的一种处理方式，沉淀池的作用表现在两个方面：①清除水中存在的固体物质；②去除铁物质。

3. 离心式过滤器

主要用于清除井水的泥沙。离心式过滤器的工作原理是由高速旋转水流产生的离心力，将沙粒和其他较重的杂质从水体中分离出来，它内部没有滤网，也没有可拆卸的部件，保养维护很方便。

4. 沙石过滤器

主要用于水库、塘坝、渠道、河流及其他敞开水面水源中有机物的前级过滤。只要水中有机物含量超过10毫克/升时，无论无机物含量有多少，均应选用沙石过滤器。

5. 筛网过滤器

这是一种简单而有效的过滤设备，造价也较便宜，在国内外灌溉系统中使用最为广泛。它的过滤介质是尼龙筛网或不锈钢筛网。主要用于过滤灌溉水中的粉粒、沙和水垢等污物，也可用于过滤含有少量有机污物的灌溉水，但当有机物含量稍高时过滤效果很差，尤其是当压力较大时，大量的有机污物会挤过筛网而进入管道，造成系统与灌水器的堵塞。

6. 叠片式过滤器

该过滤器由大量很薄的圆形叠片重叠起来，并锁紧形成一个圆柱形滤芯，每个圆形叠片有两个面：一面分布着许多“S”形滤槽；另一面为大量的同心环形滤槽。一般这种过滤器的过滤能力在40～400目。

四、滴头的选择

通过流道或孔口将毛管中的压力水流变成滴状或细流状的装置称为滴头，其流量一般不大于12升/小时。接滴头的消能方式可把它分为以下几种。

1. 长流道型滴头

长流道型滴头是靠水流与流道管壁之间的摩阻消能来调节出水量大小的。如微灌滴头、内螺纹管式滴头等。

2. 孔口型滴头

孔口型滴头靠孔口出流造成的局部水头损失来消能调节出流量的大小。

3. 涡流型滴头

涡流型滴头靠水流进入灌水器的涡室内形成的涡流来消能调节出水量的大小。水流进入涡室内，由于水流旋转产生的离心力迫使水流趋向涡室的边缘，在涡流中心产生一个低压区，使中心的出水口处压力较低，因而调节流量。

4. 压力补偿型滴头

压力补偿型滴头是利用水流压力对滴头内的弹性体（片）的作用，使流道（或孔口）形状改变或过水断面面积发生变化，即当压力减小时，增大过水断面面积；压力增大时，减小过水断面面积，从而使滴头出流量自动保持稳定，同时还具有自清洗功能。

第三节　微灌系统设计

一、滴灌系统田间布置

（一）毛管和滴头布置

滴头的布置形式取决于作物种类、种植方式、土壤类型、当地风速条件、降雨以及所选用的滴头类型，还须同时考虑施工、管理方便、对田间农作的影响及经济因素等。

1. 条播密植作物

大部分作物如棉花、玉米、蔬菜、甘蔗等均属于条播密植作物，需采用较高的湿润比，一般宜大于60%。毛管和滴头的用量相应较多。这时毛管顺作物行向布置，滴头均匀地布置在毛管上，滴头间距为0.3～1.0米，毛管有两种布置形式。①每行作物一条毛管。每行作物布置一条毛管，当作物行间距超过1米和轻质土壤（一般为砂壤土、砂土）时，采用这种布置形式。②每两行或多行作物一条毛管。当作物行间距较小（一般小于1米）时，宜考虑每两行作物布置一条毛管，当作

物行间距小于0.3米时，宜考虑多行作物一条毛管。应当注意的是土壤砂性较严重时，应考虑减小毛管间距。

2. 果园

果树的种植间距变化较大，从0.5米×0.5米到6米×6米。因此毛管和滴头的布置方式也很多。①一行果树布置一条毛管。当树形较小，土壤为中壤以上的土壤时，采用一行果树布置一条毛管比较适宜。滴头沿毛管的间距为0.5～1.0米，视土壤情况而定，一般要求能形成一条湿润带。这种布置方式节省毛管，而灌水器间距较小，系统投资低。在半干旱地区作为补充灌溉形式能够满足要求。②一行果树布置两条毛管。当树行距较大（一般大于4米）土壤为中壤以上的土壤时，采用一行果树布置两条毛管布置形式较适宜。或当果树行距小于4米，但土壤砂性较严重时，可考虑一行果树布置两条毛管。在干旱地区，果树完全依赖灌溉时，受湿润区域的限制，根系发育也呈条带状，当风速较大时，宜采用这种布置方式。③曲折毛管和绕树毛管布置。当果树间距较大（一般大于5米）或在极干旱地区，也可考虑曲折毛管和绕树毛管布置形式。这种布置形式的优点在于，湿润面积近于圆形，与果树根系的自然分布一致。在成龄果园建设滴灌系统时，由于作物根系发育完善，可采用这种布置方式。④多出流口滴头。能够采用曲折毛管和绕树毛管的地方，也可采用多出流口滴头，或多个滴头用水管分流的布置方式。

（二）干、支管布置

干、支管的布置取决于地形、水源、作物分布和毛管的布置。其布置应达到管理方便、工程费用小的要求。在山丘地区，干管多沿山脊布置或沿等高线布置。支管则垂直于等高线，向两边的毛管配水。在平地，干、支管应尽量双向控制，两侧布置下级管道，可节省管材。

（三）首部枢纽布置

一个滴灌系统能否正常、方便安全地运行，发挥其效益，除了须十分谨慎地选用灌水器外，还须更为谨慎地选择首部枢纽。须指出的是，所选首部枢纽，特别是过滤器是滴灌系统的关键所在，过滤器是否能够有效发挥作用，关系着灌水器是否能够正常运行，一旦过滤器出现故障，会在很短的时间内将成千上万只灌水器堵塞，造成滴灌系统报废。

1. 过滤器的选择

选择过滤器主要考虑以下原则。①过滤精度满足滴头对水质处理的要求。滴头供应商应该提供所供应的滴头对水质过滤精度的要求，设计者根据供应商所提供的要求选择适当精度的过滤器。②应根据制造商所提供的清水条件下流量与水头损失关系曲线，选择合适的过滤器品种、尺寸和数量，使过滤器水头损失比较小，否则会增加系统压力，使运行费用增加。③储污能力强。除选用自清洗式过滤器外，在选择过滤器时应根据水源含杂质情况，选择不同级别、不同品种的过滤器，以免过滤器在很短时间内堵塞而频繁冲洗，使运行管理非常困难。一般要求过滤器清洗时间间隔不少于一个轮灌组运行时间。④耐腐性好，使用寿命长。塑料过滤器，要求外壳使用抗老化塑料制造。金属过滤器要求表面耐腐蚀不生锈。过滤芯材质宜为不锈钢，外壳可采用可靠的防腐材料喷涂。⑤运行操作方便可靠。对于自清洗式过滤器要求自清洗过程操作简便，自清洗能力强。对于人工清洗过滤器，要求滤芯取出、清洗和安装简便，方便运行。⑥安装方便。选用过滤器时，应选择能够配套供应各种连接管件的供应商，使施工安装简便易行。

2. 首部枢纽布置

当水源距灌溉地块较近时，首部枢纽一般布置在泵站附近，以便运行管理。

二、微灌系统制度拟定及工作制度

（一）灌溉制度

作物灌溉制度是计算灌溉用水量、编制和执行灌区用水计划以及进行合理灌溉的基本依据，也是灌溉工程规划设计及区域水利规划的基本资料。

1. 灌溉制度的含义及内容

作物灌溉制度是指根据作物需水特性和当地气候、土壤、农业技术及灌水技术等条件，为作物高产及节约用水而制订的适时适量的灌水方案。它的主要内容包括作物播前（或水稻插秧前）及全生育期内各次灌水的灌水时间、灌水次数、灌水定额和灌溉定额。灌水定额是指单位灌溉面积上的一次灌水量；灌溉定额是指各次灌水定额之和，即单位面积上总的灌水量；灌水时间是指各次灌水的具体日期；灌水次数是指作物全生育期的灌水次数。不同的灌溉方法有不同的设计灌溉制度，但对喷灌、微喷灌、滴灌等而言，其原则及计算方法都是一样的。由于在整个生育期内的灌溉是一个实时调整的问题，设计中常常只计算一个理想的灌溉过程。

设计灌溉制度是指作物全生育期（对于果树等多年生作

物则为全年）中设计条件下的每一次灌水量（灌水定额）、灌水时间间隔（或灌水周期）、一次灌水延续时间、灌水次数和灌水总量灌溉定额。它是设计灌溉工程容量的依据，也可作为灌溉管理的参考数据，但在具体灌溉管理时应依据作物生育期内土壤水分状况而定。

2. 制订灌溉制度的方法

灌溉制度因作物种类、品种、灌区自然条件、农业技术措施和灌水技术不同而异，因此，必须从具体情况出发，全面分析研究各种因素，才能制订出切合实际的灌溉制度。制订灌溉制度的方法有以下三种。

（1）总结群众灌水经验。多年来进行灌水实践的经验是制订灌溉制度的主要依据。调查研究时应先确定设计干旱年份，掌握这些年份的当地灌溉经验，调查不同生育期的作物田间耗水强度及灌水次数、灌水时间、灌水定额和灌溉定额。根据调查资料，分析确定这些年份的灌溉制度。

（2）根据灌溉试验资料制订灌溉制度。我国各地先后建立了许多灌溉试验站，试验站积累了大量灌溉试验资料，是确定灌溉制度的主要依据。但是，在选用试验资料时必须注意原试验条件与需要确定灌溉制度地区条件的相似性，不能盲目照搬。

（3）用水量平衡原理制订灌溉制度。这种方法是根据设计年份的气象资料及作物需水要求，参考群众丰产灌水经验和田间试验资料，通过水量平衡计算，制订出作物灌溉制度。

（二）系统工作制度的确定

微灌系统的工作制度通常分为全系统续灌和分组轮灌两

种情况。不同的工作制度要求的流量不同，因而工程费用也不同。在确定工作制度时，应根据作物种类，水源条件和经济状况等因素做出合理选择。

1. 全系统续灌

全系统续灌是对系统内全部管道同时供水，对设计灌溉面积内所有作物同时灌水的一种工作制度。它的优点是灌溉供水时间短，有利于其他农事活动的安排。缺点是干管流量大，增加工程的投资和运行费用；设备的利用率低；在水源流量小的地区，可能缩小灌溉面积。

2. 分组轮灌

较大的微灌系统为了减小工程投资，提高设备利用率，增加灌溉面积，通常采用轮灌的工作制度。一般是将支管分成若干组，由干管轮流向各组支管供水，而支管内部则同时向毛管供水。

（1）划分轮灌组的原则。各轮灌组控制的面积应尽可能相等或接近，以使水泵工作稳定，效率提高。轮灌组的划分应照顾农业生产责任制和田间管理的要求。例如，一个轮灌组包括若干片责任地（树），尽可能减少农户之间的用水矛盾，并使灌水与其他农业措施如施肥、修剪等得到较好的配合。为了便于运行操作和管理，通常一个轮灌组管辖的范围宜集中连片，轮灌顺序可通过协商自上而下或自下而上进行。有时，为了减少输水干管的流量，也采用插花操作的方法划分轮灌组。

（2）确定轮灌组数。按作物需水要求，全系统划分的轮灌组数目如下：

$$N \leqslant CT / t$$

式中，N为允许的轮灌组最大数目，取整数；C为一天运行的小时数，一般为12～20小时，对于固定式系统不低于16小时；T为灌水时间间隔（周期），天；t为一次灌水持续时间，小时。实践表明，轮灌组过多，会造成各农户的用水矛盾，按上式计算的N值为允许的最多轮灌组数，设计时应根据具体情况灵活确定合理的轮灌组数目。

（3）轮灌组的划分方法。通常在支管的进口安装闸阀和流量调节装置，使支管所辖的面积成为一个灌水单元，称灌水小区。一个轮灌组可包括一条或若干条支管，即包括一个或若干个灌水小区。

三、管道水力计算

管道水力计算是压力管网设计非常重要的内容，在系统布置完成之后，需要确定干、支管和毛管管径，均衡各控制点压力以及计算首部加压系统的扬程。

管道水力计算的主要内容包括：①计算各级管道的沿程水头损失和局部水头损失；②确定各级管道的直径；③计算各毛管入口工作压力；④计算各灌溉小区入口工作压力；⑤计算首部水泵所需扬程。

四、毛管设计及干管设计

（一）毛管设计

毛管设计的内容是在满足灌水均匀度要求下，确定毛管长度、毛管进口的压力和流量。在平整的地块上，一般最经济

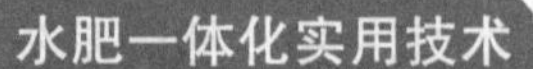

的布置是在支管的两侧双向布置毛管。毛管入口处的压力相同，毛管长度也相同。

在沿毛管方向有坡度的地块上，支管布置应向上坡移动，使逆坡毛管的长度适当减小，而顺坡毛管的长度适当加大。这样地形变化加上水头损失使得整条毛管出流均匀。支管的间距是由地形条件、毛管和滴头的水力特性决定的。

地块中的设计有三种选择方案。设计时应根据地形状况、作物种类以及经济因素适当选择。

（二）干管设计

干管是指从水源向田间支毛管输送灌溉水的管道。干管的管径一般较大，灌溉地块较大时，还可分为总干管和各级分干管。干管设计的主要任务是根据轮灌组确定的系统流量选择适当的管材和管道直径。

1. 干管管径的选择

干管的管径选择与投资造价及运行费用、压力分区等密切相关。

2. 干管管材的选择

微灌系统干管一般都选用塑料管材，可选用的管材有聚氯乙烯（PVC）管、聚乙烯（PE）管和聚丙烯（PP）管。干管管材的选择应考虑以下因素。

（1）据系统压力，选用不同压力等级的塑料管。塑料管道的压力等级分为0.25兆帕、0.40兆帕、0.63兆帕、1.00兆帕、1.25兆帕。不同材质的塑料管的抗拉强度不同，因此同一压力等级，不同材质塑料管的壁厚也不相同。对于较大的灌溉工程或地形变化较大的山丘区灌溉工程，由于系统压力变化较大，应根据不同的压力分区选用不同压力等级的管材。对于压力不大于0.63兆帕的管道，以上四种塑料管均可使用，压力大于0.63兆帕的管道，推荐使用聚氯乙烯（PVC）管材。

（2）考虑系统的安装以及管件的配套情况，选用不同的塑料管材。聚氯乙烯（PVC）管材可选用扩口黏接和胶圈密封方式进行连接。高密度聚乙烯（HDPE）和聚丙烯（PP）管材，由于没有黏接材料，只能采用热熔对接或电熔连接，习惯采用的承插法连接方式其抗压能力较低，一般只在工作压力较低的情况使用。低密度聚乙烯（LDPE）管材只能使用专用管件进行连接。管道直径小于20毫米时，可使用内插台式密封管件，管道直径大于20毫米时，由于施工安装和密封方面的问题，一般不选用内插台式密封，而使用组合密封式管件。由于大口径密封式管件，结构复杂，体积和重量较大，价格相对较高，因而微灌中常用的低密度聚乙烯管材口径一般在63毫米以下。

（3）考虑市场价格和运输距离选择适当的管材。塑料管道体积较大，重量轻，因而运输费用相对较大，在选择管材时，应就近选择适当管材，以降低费用。

第四章 水肥一体化系统运行管理与维护

第一节 水肥一体化设备安装与调试

一、管网设备安装与调试

目前，灌溉管网的建设，大多采用塑料管道，其中应用最广的有聚氯乙烯（PVC）和聚乙烯（PE）管材管件，其中PVC管需要用专用胶水黏合，PE管需要热熔连接。

（一）开沟挖槽及回填

1. 开挖沟槽

铺设管网的第一步是开沟挖槽，一般沟宽0.4米、深0.6米左右，呈U形，挖沟要平直，深浅一致，转弯处以90°和135°处理。沟的坡面呈倒梯形，上宽下窄，防止泥土坍塌导致重复工作。在适合机械施工的较大场地，可以用机械施工，在田间需要人工作业。

开挖沟槽时，沟底设计标高上下0.3米的原状土应予保留，禁止扰动，铺管前用人工清理，但一般不宜挖于沟底设计标高以下，如局部超挖，需用沙土或合乎要求的原土填补并分层夯实，要求最后形成的沟槽底部平整、密实、无坚硬物。①当槽底为岩石时，应铲除到设计标高以下不小于0.15米，挖深部分用细沙或细土回填密实，厚度不小于0.15米；当原土为盐类时，应铺垫细沙或细土。②当槽底土质极差时，可将管沟挖得深一些，然后在挖深的管底用沙填平、用水淹没后再将水吸掉（水淹法），使管底具有足够的支撑力。③凡可能引起管道不均匀沉降地段，其地基应进行处理，并可采取其他防沉降措施。

开挖沟槽时，如遇有管线、电缆时加以保护，并及时向相关单位报告，及时解决处理，以防发生事故造成损失。开挖沟槽土层要坚实，如遇松散的回填土、腐殖土或石块等，应进行处理，散土应挖出，重新回填，回填厚度不超过20厘米时进行碾压，腐殖土应挖出换填砂砾料，并碾压夯实，如遇石块，应清理出现场，换填土质较好的土回填。在开挖沟槽过程中，应对沟槽底部高程及中线随时测控，以防超挖或偏位。

2. 回填

在管道安装与铺设完毕后回填，回填的时间宜在一昼夜中气温最低的时刻，管道两侧及管顶以上0.5米内的回填土，不得含有碎石、砖块、冻土块及其他杂硬物体。回填土应分层夯实，一次回填高度宜0.1～0.15米，先用细沙或细土回填管道两侧，人工夯实后再回填第二层，直至回填到管顶以上0.5米处，沟槽的支撑应在保证施工安全情况下，按回填依次拆除，拆除竖板后，应以沙土填实缝隙。在管道或试压前，管顶

以上回填土高度不宜小于0.5米，管道接头处0.2米范围内不可回填，以使观察试压时事故情况。管道试压合格后的大面积回填，宜在管道内充满水的情况下进行。管道敷设后不宜长时间处于空管状态，管顶0.5米以上部分的回填土内允许有少量直径不大于0.1米的石块。采用机械回填时，要从管的两侧同时回填，机械不得在管道上方行驶。规范操作能使地下管道更加安全耐用。

（二）PVC管道安装

与PVC管道配套的是PVC管件，管道和管件之间用专用胶水黏接，这种胶水能把PVC管材、管件表面溶解成胶状，在连接后物质相互渗透，72小时后即可连成一体。所以，在涂胶的时候应注意胶水用量，不能太多，过多的胶水会沉积在管道底部，把管壁部分溶解变软，降低管道应力，在遇到水锤等极端压力的时候，此处最容易破裂，导致维修成本增高，还影响农业生产。

1. 截管

施工前按设计图纸的管径和现场核准的长度（注意扣除管、配件的长度）进行截管。截管工具选用割刀、细齿锯或专用断管机具；截口端面平整并垂直于管轴线（可沿管道圆周作垂直管轴标记再截管）；去掉截口处的毛刺和毛边并磨（刮）倒角（可选用中号砂纸、板锉或角磨机），倒角坡度宜为15°～20°，倒角长度约为1.0毫米（小口径）或2～4毫米（中、大口径）。

管材和管件在黏合前应用棉纱或干布将承、插口处黏接表面擦拭干净，使其保持清洁，确保无尘沙与水迹。当表面沾有油污时需用棉纱或干布蘸丙酮等清洁剂将其擦净。棉纱或干布不得带有油腻及污垢。当表面黏附物难以擦净时，可用细砂纸打磨。

2. 黏接

（1）试插及标线。黏接前应进行试插以确保承、插口配合情况符合要求，并根据管件实测承口深度在管端表面划出插入深度标记（黏接时需插入深度即承口深度），对中、大口径管道尤其需注意。

（2）涂胶。涂抹胶水时需先涂承口，后涂插口（管径≥90毫米的管道承、插面应同时涂刷），重复2～3次，宜先环向涂刷再轴向涂刷，胶水涂刷承口时由里向外，插口涂刷应为管端至插入深度标记位置，刷胶纵向长度要比待黏接的管件内孔深度要稍短些，胶水涂抹应迅速、均匀、适量，黏接时保持黏接面湿润且软化。涂胶时应使用鬃刷或尼龙刷，刷宽应为管径的1/3～1/2，并宜用带盖的敞口容器盛装，随用随开。

（3）连接及固化。承、插口涂抹溶接剂后应立即找正方向将管端插入承口并用力挤压，使管端插入至预先划出的插入深度标记处（即插至承口底部），并保证承、插接口的直度；同时需保持必要的施力时间（管径<63毫米的为30～60秒，管径≥63毫米的为1～3分钟）以防止接品滑脱。当插至1/2承口再往里插时宜稍加转动，但不应超过90°，不应插到底部后进行旋转。

（4）清理。承、插口黏接后应将挤出的溶接剂擦净。黏接后，固化时间2小时，至少72小时后才可以通水。管道黏接不宜在湿度很大的环境下进行，操作场所应远离火源，防止撞击和避免阳光直射，在温度低于-5℃环境中不宜进行，当环

境温度为低温或高温时需采取相应措施。

（三）PE管道安装

PE管道采用热熔方式连接，有对接式热熔和承插式热熔，一般大口径管道（DN100以上）都用对接热熔连接，有专用的热熔机，具体可根据机器使用说明进行操作。DN80以下均可以用承插方式热熔连接，优点是热熔机轻便，可以手持移动、缺点是操作需要2人以上，承插后，管道热熔口容易过热缩小，影响过水。

1. 准备工作

管道连接前，应对管材和管件现场进行外观检查，符合要求方可使用。主要检查项目包括外表面质量、配件质量、材质的一致性等。管材管件的材质一致性直接影响连接后的质量。在寒冷气候（-5℃以下）和大风环境条件下进行连接时，应采取保护措施或调整连接工艺。管道连接时管端应洁净，每次收工时管口应临时封堵，防止杂物进入管内。热熔连接前后，连接工具回执面上的污物应用洁净棉布擦净。

2. 承插连接方法

此方法将管材表面和管件内表面同时无旋转地插入熔接器的模头中回执数秒，然后迅速撤去熔接器，把已加热的管子快速地垂直插入管件，保压、冷却、连接。连接流程：检查→切管→清理接头部位及划线→加热→撤熔接器→找正→管件套入管子并校正→保压、冷却。

（1）要求管子外径大于管件内径，以保证熔接后形成合适的凸缘。

（2）加热：将管材外表面和管件内表面同时无旋转地插

入熔接器的模头中回执数秒，加热温度为260℃。

（3）插接：管材管件加热到规定的时间后，迅速从熔接器的模头中拔出并撤去熔接器，快速找正方向，将管件套入管段至划线位置，套入过程中若发现歪斜应及时校正。

（4）保压、冷却：冷却过程中，不得移动管材或管件，完全冷却后才可进行下一个接头的连接操作。

热熔承插连接应符合下列规定：热熔承插连接管材的连接端应切割垂直，并应用洁净棉布擦净管材和管件连接面上的污物，标出插入深度，刮除其表皮；承插连接前，应校直两对应的待连接件，使其在同一轴线上；插口外表面和承口内表面应用热熔承插连接工具加热；加热完毕，连接件应迅速脱离承接连接工具，并应用均匀外力插至标记深度，使待连接件连接结实。

3. 热熔对接连接

热熔对接连接是将与管轴线垂直的两管子对应端面与加热板接触使之加热熔化，撤去回热板后，迅速将熔化端压紧，并保证压至接头冷却，从而连接管子。这种连接方式无需管件，连接时必须使用对接焊机。热熔对接连接一般分为五个阶段：预热阶段、吸热阶段、加热板取出阶段、对接阶段、冷却阶段。加热温度和各个阶段所需要的压力及时间应符合热熔连接机具生产厂和管材、管件生产厂的规定。连接程序：装夹管子→铣削连接面→回执端面→撤加热板→对接→保压、冷却。

（1）将待连接的两管子分别装夹在对接焊机的两侧夹具上，管子端面应伸出夹具20～30毫米，并调整两管子使其在同一轴线上，管口错边不宜大于管壁厚度的10%。

（2）用专用铣刀同时铣削两端面，使其与管轴线垂直，

待两连接面相吻合后，铣削后用刷子、棉布等工具清除管子内外的碎屑及污物。

（3）当回执板的温度达到设定温度后，将加热板插入两端面间同时加热熔化两端面，加热温度和加热时间按对接工具生产厂或管材生产厂的规定，加热完毕快速撤出加热板，接着操纵对接焊机使其中一根管子移动至两端面完全接触并形成均匀凸缘，保持适当压力直到连接部位冷却到室温为止。

热熔对接焊接时，要求管材或管件应具有相同熔融指数。另外，采用不同厂家的管件时，必须选择与之相匹配的焊机才能取得最佳的焊接效果。热熔连接保压、冷却时间，应符合热熔连接工具生产厂和管件、管材生产厂规定，保证冷却期间不得移动连接件或在连接件上施加外力。

二、滴灌设备安装与调试

作物的生物学特征各异，栽培的株距、行距也不一样，为了达到灌溉均匀的目的，所要求滴灌带滴孔距离、规格、孔洞一样。通常滴孔距离15厘米、20厘米、30厘米、40厘米，常用的有20厘米、30厘米。这就要求滴灌设施实施过程中，需要考虑使用单条滴灌带端部首端和末端滴孔出水量均匀度相同且前后误差在10%以内的产品。在设计施工过程中，需要根据实际情况，选择合适规格的滴灌带，还要根据这种滴灌带的流量等技术参数，确定单条滴灌带的铺设最佳长度。

（一）滴灌设备安装

1. 灌水器选型

大棚栽培作物一般选用内镶滴灌带，规格16毫米×200毫米或300毫米，壁厚可以根据农户投资需求选择0.2毫米、0.4毫米、0.6毫米，滴孔朝上，平整地铺在畦面的地膜下面。

2. 滴灌带数量

可以根据作物种植要求和投资意愿，决定每畦铺设的条数，通常每畦至少铺设一条，两条最好。

3. 滴灌带安装

棚头横管用25英寸[①]，每棚一个总开关，每畦另外用旁通阀，在多雨季节，大棚中间和棚边土壤湿度不一样，可以通过旁通阀调节灌水量。

铺设滴灌带时，先从下方拉出。由一人控制，另一人拉滴灌带，当滴管带略长于畦面时，将其剪断并将末端折扎，防止异物进入。首部连接旁通或旁通阀，要求滴灌带用剪刀裁平，如果附近有滴头，则剪去不要，把螺旋螺帽往后退，把滴灌带平稳套进旁通阀的口部，适当摁住，再将螺帽往外拧紧即可。将滴灌带尾部折叠并用细绳扎住，打活结，以方便冲洗（用带用堵头也可以，只是在使用过程中受水压泥沙等影响，不容易拧开冲洗，直接用线扎住方便简单）。

把黑管连接总管，三通出口处安装球阀，配置阀门井或阀门箱保护。整体管网安装完成后，通水试压，冲出施工过程中留在管道内的杂物，调整缺陷处，然后关水，滴灌带上堵头，25英寸黑管上堵头。

（二）设备使用技术

1. 滴灌带通水检查

在滴灌受压出水时，正常滴孔的出水是呈滴水状的，如

---

① 1英寸=2.54厘米，全书同

果有其他洞孔，出水是呈喷水状的，在膜下会有水柱冲击的响声，所以要巡查各处，检查是否有虫咬或其他机械性破洞，发现后及时修补。在滴灌带铺设前，一定要对畦面的地下害虫或越冬害虫进行一次灭杀。

2. 灌水时间

初次灌水时，由于土壤团粒疏松，水滴容易直接往下顺着土块空隙流到沟中，没能在畦面实现横向湿润。所以要短时间、多次、间歇灌水，让畦面土壤形成毛细管，促使水分横向湿润。

瓜果类作物在营养生长阶段，要适当控制水量，防止枝叶生长过旺影响结果。在作物挂果后，滴灌时间要根据滴头流量、土壤湿度、施肥间隔等情况决定。一般在土壤较干时滴灌3~4小时，而当土壤湿度居中，仅以施肥为目的时，水肥同灌约1小时较合适。

3. 清洗过滤器

每次灌溉完成后，需要清洗过滤器。每3~4次灌溉后，特别是水肥灌溉后，需要把滴灌带堵头打开冲水，将残留在管壁内的杂质冲洗干净。作物采收后，集中冲水一次，收集备用。如果是在大棚内，只需要把滴灌带整条拆下，挂到大棚边的拱管上即可，下次使用时再铺到膜下。

三、首部设备安装与调试

（一）负压变频供水设备安装

负压变频供水设备安装处应符合控制柜对环境的要求，柜前后应有足够的检修通道，进入控制柜的电源线径、控制柜前级的低压柜的容量应有一定的余量，各种检测控制仪表或设备应安装于系统贯通且压力较稳定处，不应对检测控制仪表或设备产生明显的不良影响。如安装于高温（高于45℃）或具有腐蚀性的地方，在签订订货单时应作具体说明。在已安装时发现安装环境不符合时，应及时与原供应商取得联系进行更换。

水泵安装应注意进水管路无泄漏，地面应设置排水沟，并应设置必需的维修设施。水泵安装尺寸见各类水泵安装说明书。

（二）潜水泵安装

1. 安装方法

拆下水泵上部出水口接头，用法兰连接止回阀，止回阀箭头指向水流方向。管道垂直向上伸出池面，经弯头引入泵房，在泵房内与过滤器连接，在过滤器前开一个DN20施肥口，连接施肥泵，前后安装压力表。水泵在水池底部需要垫高0.2米左右，防止淤泥堆积，影响散热。

2. 施肥方法

第一步，开启电机，使管道正常供水，压力稳定。第二步，开启施肥泵，调整压力，开始注肥，注肥时需要有操作人员照看，随时关注压力变化及肥量变化，注肥管压力要比出水管压力稍大一些，保证能让肥液注进出水管，但压力不能太大，以免引起倒流，肥料注完后，再灌15分钟左右的清水，把管网内的剩余肥液送到作物根部。

（三）离心自吸泵安装

1. 安装使用方法

第一步，建造水泵房和进水池，泵房占地3米×5米以上，并安装一扇防盗门，进水池2米×3米。

第二步，安装ZW型卧式离心自吸泵，进水口连接进水管到进水池底部，出口连接过滤器，一般两个并联。外装水表、压力表及排气阀（排气阀安装在出水管墙外位置，水泵启停时排气阀会溢水，保持泵房内不被水溢湿）。

第三步，安装吸肥管，在吸水管三通处连接阀门，再接过滤器，过滤器与水流方向要保持一致，连接钢丝软管和底阀。

第四步，施肥桶可以配3只左右，每只容量200升左右，通过吸肥管分管分别放进各肥料桶内，可以在吸肥时，把不能同时混配的肥料分桶吸入，在管道中混合。

第五步，施肥浓度，根据进出水管的口径，配置吸肥管的口径，保持施肥浓度在5%～7%。通常4英寸进水管，3英寸出水管水泵，配1英寸吸肥管，最后施肥浓度在5%左右。肥料的吸入量始终随水泵流量大小而改变，而且保持相对稳定的浓度。田间灌溉量大，即流量大，吸肥速度也随之增加，反之，吸肥速度减慢，始终保持浓度相对稳定。

2. 注意事项

施肥时要保持吸肥过滤器和出水过滤器畅通，如遇堵塞，应及时清洗；施肥过程中，当施肥桶内肥液即将吸干时，应及时关闭吸肥阀，防止空气进入泵体产生气蚀。

第二节　水肥一体化系统操作

一、准备工作

使用前的准备工作主要是检查系统是否按设计要求安装

到位，检查系统主要设备和仪表是否正常，对损坏或漏水的管段及配件进行修复。

1. 检查水泵与电机

检查水泵与电机所标示的电压、频率与电源电压是否相符，检查电机外壳接地是否可靠，检查电机是否漏油。

2. 检查过滤器

检查过滤器安装位置是否符合设计要求，是否有损坏，是否需要冲洗。介质过滤器在首次使用前，在罐内注满水并放入一包氯球，搁置30分钟后按正常使用方法各反冲一次。此次反冲并可预先搅拌介质，使之颗粒松散，接触面展开。然后充分清洗过滤器的所有部件，紧固所有螺丝。离心式过滤器冲洗时先打开压盖，将沙子取出冲净即可。网式过滤器手工清洗时，扳动手柄，放松螺杆，打开压盖，取出滤网，用软刷子刷洗筛网上的污物并用清水冲洗干净。叠片过滤器要检查和更换变形叠片。

3. 检查肥料罐或注肥泵

检查肥料罐或注肥泵的零部件和系统的连接是否正确，清除罐体内的积存污物以防进入管道系统。

4. 检查其他部件

检查所有的末端竖管，是否有折损或堵头丢失。前者取相同零件修理，后者补充堵头。检查所有阀门与压力调节器是否启闭自如，检查管网系统及其连接微管，如有缺损应及时修补。检查进排气阀是否完好，并打开。关闭主支管道上的排水底阀。

5. 检查电控柜

检查电控柜的安装位置是否得当。电控柜应防止阳光照射，并单独安装在隔离单元，要保持电控柜房间的干燥。检查电控柜的接线和保险是否符合要求，是否有接地保护。

二、灌溉操作

水肥一体化系统包括单户系统和组合系统。组合系统需要分组轮灌。系统的简繁不同，灌溉作物和土壤条件不同都会影响到灌溉操作。

1. 管道充水试运行

在灌溉季节首次使用时，必须进行管道充水冲洗。充水前应开启排污阀或泄水阀，关闭所有控制阀门，在水泵运行正常后缓慢开启水泵出水管道上的控制阀门，然后从上游至下游逐条冲洗管道，充水中应观察排气装置工作是否正常。管道冲洗后应缓慢关闭泄水阀。

2. 水泵启动

要保证动力机在空载或轻载下启动。启动水泵前，首先关闭总阀门，并打开准备灌水的管道上所有排气阀排气，然后启动水泵向管道内缓慢充水。启动后观察和倾听设备运转是否有异常声音，在确认启动正常的情况下，缓慢开启过滤器及控制田间灌溉所需轮灌组的田间控制阀门，开始灌溉。

3. 观察压力表和流量表

观察过滤器前后的压力表读数差异是否在规定的范围内，压差读数达到7米水柱，说明过滤器内堵塞严重，应停机冲洗。

4. 冲洗管道

新安装的管道（特别是滴灌管）第一次使用时，要先放开管道末端的堵头，充分放水冲洗各级管道系统，把安装过程中集聚的杂质冲洗干净后，封堵末端堵头，然后才能开始使用。

5. 田间巡查

要到田间巡回检查轮灌区的管道接头和管道是否漏水，各个灌水器是否正常。

三、施肥操作

施肥过程是伴随灌溉同时进行的，施肥操作在灌溉进行20～30分钟后开始，并确保在灌溉结束前20分钟以上的时间内结束，这样可以保证对灌溉系统的冲洗和尽可能减少化学物质对灌水器的堵塞。

施肥操作前要按照施肥方案将肥料准备好，对于溶解性差的肥料可先将肥料溶解在水中。不同的施肥装置在操作细节上有所不同。

1. 泵吸肥法

根据轮灌区的面积或果树的株数计算施肥量，然后倒入施肥池。开动水泵，放水溶解肥料。打开出肥口处开关，肥料被吸入主管道。通常面积较大的灌区吸肥管用50～70毫米的PVC管，方便调节施肥速度。一些农户出肥管管径太小（25毫米或32毫米）。当需要加速施肥时，由于管径太小无法实现。对较大面积的灌区（如500亩以上），可以在肥池或肥桶上画刻度。一次性将当次的肥料溶解好，然后通过刻度分配到

每个轮灌区。假设一个轮灌区需要一个刻度单位的肥料，当肥料溶液到达一个刻度时，立即关闭施肥开关，继续灌溉冲洗管道。冲洗完后打开下一个轮灌区，打开施肥池开关，等到达第二个刻度单位时表示第二轮灌区施肥结束，依次进行操作。采用这种办法对大型灌区施肥可以提高工作效率，减轻劳动强度。

在北方一些井灌区水温较低，肥料溶解慢。一些肥料即使在较高水温下溶解也慢（如硫酸钾）。这时在肥池内安装搅拌设备可显著加快肥料的溶解，一般搅拌设备由减速机（功率1.5～3.0千瓦）、搅拌桨和同定支架组成。搅拌桨通常要用304不锈钢制造。

2. 泵注肥法

南方地区的果园，通常都有打药机。许多果农利用打药机作注肥泵用。具体做法是：在泵房外侧建一个砖水泥结构的施肥池，一般3～4米^3，通常高1米，长宽均2米。以不漏水为质量要求。池底最好安装一个排水阀门，方便清洗排走肥料池的杂质。施肥池内侧最好用油漆划好刻度，以0.5米^{3}为一格。安装一个吸肥泵将池中溶解好的肥料注入输水管。吸肥泵通常用旋涡自吸泵，扬程须高于灌溉系统设计的最大扬程，通常的参数为：电源220伏或380伏，0.75～1.1千瓦，扬程50米，流量3～5米^3/小时，这种施肥方法肥料有没有施完看得见。施肥速度方便调节。它适合用于时针式喷灌机、喷水带、卷盘喷灌机等灌溉系统。它克服了压差施肥罐的所有缺点。特别是使用地下水的情况下，由于水温低（9～10℃），肥料溶解慢，可以提前放水升温，自动搅拌溶解肥料。通常减速搅拌机的电机功率为1.5千瓦。搅拌装置用不生锈材料做成倒T形。

3. 压差式施肥罐

（1）压差施肥罐的运行。压差施肥罐的操作运行顺序如下。

第一步，根据各轮灌区具体面积或作物株数计算好当次施肥的数量。称好或量好每个轮灌区的肥料。

第二步，用两根各配一个阀门的管子将旁通管与主管接通，为便于移动，每根管子上可配用快速接头。

第三步，将液体肥直接倒入施肥罐，若用固体肥料则应先行单独溶解并通过滤网注入施肥罐。有些用户将固体肥直接投入施肥罐，使肥料在灌溉过程中溶解，这种情况下用较小的罐即可，但需要5倍以上的水量以确保所有肥料被用完。

第四步，注完肥料溶液后，扣紧罐盖。

第五步，检查旁通管的进出口阀均关闭而节制阀打开，然后打开主管道阀门。

第六步，打开旁通进出口阀，然后慢慢地关闭节制阀，同时注意观察压力表，得到所需的压差（1~3米水压）。

第七步，对于有条件的用户，可以用电导率仪测定施肥所需时间。施肥完后关闭进口阀门。

第八步，要施下一罐肥时，必须排掉部分罐内的积水。在施肥罐进水口处应安装一个1/2英寸的进排气阀或1/2英寸的球阀。打开罐底的排水开关前，应先打开排气阀或球阀，否则水排不出去。

（2）压差施肥罐施肥时间监测方法。压差施肥罐是按数量施肥方式，开始施肥时流出的肥料浓度高，随着施肥进行，罐中肥料越来越少，浓度越来越稀。灌溉施肥的时间取决于肥料罐的容积及其流出速率：

$$T = 4V / Q$$

式中，T为施肥时间（小时）；V为肥料罐容积（升）；Q为流出液速率（升/小时）；4是指120升肥料溶液需480升水流入肥料罐中才能把肥料全部带入灌溉系统中。

例如：一肥料罐容积220升，施肥历时2小时，求旁通管的流量。根据上述公式，在2小时内必须有4×220=880升水流过施肥罐，故旁通管的流量应不低于：

880/120=7.3（分钟）

因为施肥罐的容积是固定的，当需要加快施肥速度时，必须使旁通管的流量增大。此时要把节制阀关得更紧一些。

了解施肥时间对应用压差施肥罐施肥具有重要意义。当施下一罐肥时必须要将罐内的水放掉至少1/2～2/3，否则无法加放肥料。如果对每一罐的施肥时间不了解，可能会出现肥未施完即停止施肥，将剩余肥料溶液排走而浪费肥料。或肥料早已施完但心中无数，盲目等待，后者当单纯为施肥而灌溉时，会浪费水源或电力，增加施肥人工。特别在雨季或土壤不需要灌溉而只需施肥时更需要加快施肥速度。

（3）压差施肥罐使用注意事项。压差施肥罐使用时，应注意以下事项。①罐体较小时（小于100升），固体肥料最好溶解后倒入肥料罐，否则可能会堵塞罐体。特别在压力较低时可能会出现这种情况。②有些肥料可能含有一些杂质，倒入施肥罐前先溶解过滤，滤网100～120目。如直接加入固体肥料，必须在肥料罐出口处安装一个1/2的筛网过滤器。或者将肥料罐安装在主管道的过滤器之前。③每次施完肥后，应对管道用灌溉水冲洗，将残留在管道中的肥液排出。一般滴灌系统20～30分钟，微喷灌5～10分钟。如有些滴灌系统轮灌区较多，而施肥要求在尽量短的时间完成，可考虑测定滴头处电导率的变化来判断清洗的时间。一般的情况是一个首部的灌溉面积越大，输水管道越长，冲洗的时间也越长。冲洗是个必需过程，因为残留的肥液存留在管道和滴头处，极易滋生藻类青苔等低等植物，堵塞滴头；在灌溉水硬度较大时，残存肥液在滴头处形成沉淀，造成堵塞。及时的冲洗基本可以防止此类问题发生。但在雨季施肥时，可暂时不洗管，等天气晴朗时补洗，否则会造成过量灌溉淋洗肥料。④肥料罐需要的压差由入水口和出水口间的节制阀获得。因为灌溉时间通常多于施肥时间，不施肥时节制阀要全开。经常性的调节阀门可能会导致每次施肥的压力差不一致（特别当压力表量程太大时，判断不准），从而使施肥时间把握不准确。为了获得一个恒定的压力差，可以不用节制阀门，代之以流量表（水表）。水流流经水表时会造成一个微小压差，这个压差可供施肥罐用。当不施肥时，关闭施肥罐两端的细管，主管上的压差仍然存在。在这种情况下，不管施肥与否，主管上的压力都是均衡的。因这个由水表产生的压差是均衡的，无法调控施肥速度，所以只适合深根作物。对浅根系作物在雨季要加快施肥，这种方法不适用。

4. 重力自压式施肥法

施肥时先计算好每轮灌区需要的肥料总量，倒入混肥池，加水溶解，或溶解好直接倒入。打开主管道的阀门，开始灌溉。然后打开混肥池的管道，肥液即被主管道的水流稀释带入灌溉系统。通过调节球阀的开关位置，可以控制施肥速度。当蓄水池的液位变化不大时（丘陵山地果园许多情况下一

边灌溉一边抽水至水池），施肥的速度可以相当稳定，保持一恒定养分浓度。如采用滴灌施肥，施肥结束后需继续灌溉一段时间，冲洗管道。如拖管淋水肥则无此必要。通常混肥池用水泥建造坚固耐用，造价低。也可直接用塑料桶作混肥池用。有些用户直接将肥料倒入蓄水池，灌溉时将整池水放干净。由于蓄水池通常体积很大，要彻底放干水很不容易，会残留一些肥液在池中。加上池壁清洗困难，也有养分附着。当重新蓄水时，极易滋生藻类青苔等低等植物，堵塞过滤设备。应用重力自压式灌溉施肥，当采用滴灌时，一定要将混肥池和蓄水池分开，二者不可共用。

静水微重力自压施肥法曾被国外某些公司在我国农村提倡推广，其做法是在棚中心部位将储水罐架高80~100厘米，将肥料放入敞开的储水罐溶解，肥液经过罐中的筛网过滤器过滤后靠水的重力滴入土壤。

5. 文丘里施肥器

虽然文丘里施肥器可以按比例施肥，在整个施肥过程中保持恒定浓度供应，但在制定施肥计划时仍然按施肥数量计算。比如一个轮灌区需要多少肥料要事先计算好。如用液体肥料，则将所需体积的液体肥料加到储肥罐（或桶）中。如用固体肥料，则先将肥料溶解配成母液，再加入储肥罐。或直接在储肥罐中配制母液。当一个轮灌区施完肥后，再安排下一个轮灌区。

当需要连续施肥时，对每一轮灌区先计算好施肥量。在确定施肥速度恒定的前提下，可以通过记录施肥时间或观察施肥桶内壁上的刻度来为每一轮灌区定量。对于有辅助加压泵的施肥器，在了解每个轮灌区施肥量（肥料母液体积）的前提下，安装一个定时器来控制加压泵的运行时间。在自动灌溉系统中，可通过控制器控制不同轮灌区的施肥时间。当整个施肥可在当天完成时，可以统一施肥后再统一冲洗管道，否则必须将施过肥的管道当日冲洗。冲洗的时间要求同旁通罐施肥法。

四、轮灌组更替

根据水肥一体化灌溉施肥制度，观察水表水量确定达到要求的灌水量时，更换下一轮灌组地块，注意不要同时打开所有分灌阀。首先打开下一轮灌组的阀门，再关闭第一个轮灌组的阀门，进行下一轮灌组的灌溉，操作步骤按以上重复。

五、停止灌溉

所有地块灌溉施肥结束后，先关闭灌溉系统水泵开关，然后关闭田间的各开关。对过滤器、施肥罐、管路等设备进行全面检查，达到下一次正常运行的标准。注意冬季灌溉结束后要把田间位于主支管道上的排水阀打开，将管道内的水尽量排净，以避免管道留有积水冻裂管道，此阀门冬季不必关闭。

第三节　水肥一体化系统的维护保养

一、水泵

运行前检查水泵与电机的连轴器是否同心，间隙是否合适，皮带轮是否对正，其他部件是否正常，转动是否灵活，如有问题应及时排除。

运行中检查各种仪表的读数是否在正常范围内，轴承部位的温度是否太高，水泵和水管各部位有没有漏水和进气情况，吸水管道应保证不漏气，水泵停机前应先停起动器，后拉电闸。

停机后要擦净水迹，防止生锈；定期拆卸检查，全面检修；在灌溉季节结束或冬季使用水泵时，停机后应打开泵壳下的放水塞把水放净，防止锈坏或冻坏水泵。

二、动力机械

电机在启动前应检查绕组对地的绝缘电阻、铭牌所标电压、频率与电源电压是否相符、接线是否正确、电机外壳接地线是否可靠等。电机运行中工作电流不得超过额定电流，温度不能太高。电机应经常除尘，保持干燥清洁。经常运行的电机每月应进行一次检查，每半年进行一次检修。

三、施肥系统

在进行施肥系统维护时，关闭水泵，开启与主管道相连的注肥口和驱动注肥系统的进水口，排除压力。

1. 注肥泵

先用清水洗净注肥泵的肥料罐，打开罐盖晾干，再用清水冲净注肥泵，然后分解注肥泵，取出注肥泵驱动活塞，用随机所带的润滑油涂在部件上，进行正常的润滑保养，最后擦干各部件重新组装好。

2. 施肥罐

首先仔细清洗罐内残液并晾干，然后将罐体上的软管取下并用清水洗净，软管要置于罐体内保存。每年在施肥罐的顶盖及手柄螺纹处涂上防锈液，若罐体表面的金属镀层有损坏，立即清锈后重新喷涂。注意不要丢失各个连接部件。

3. 对移动式灌溉施肥机的维护保养

对移动式灌溉施肥机的使用应尽量做到专人管理，管理人员要认真负责，所有操作严格按技术操作规程进行；严禁动力机空转，在系统开启时，一定要将吸水泵浸入水中；管理人员要定期检查和维护系统，保持整洁干净，严禁淋雨；定期更换机油（半年），检查或更换火花塞（1年）；及时人工清洗过滤器滤芯，严禁在有压力的情况下打开过滤器；耕翻土地时需要移动地面管，应轻拿轻放，不要用力拽管。

四、过滤系统

1. 网式过滤器

运行时要经常检查过滤网，发现损坏时应及时修复。灌溉季节结束后，应取出过滤器中的过滤网，刷洗干净，晾干后备用。

2. 叠片过滤器

打开叠片过滤器的外壳，取出叠片。先把各个叠片组清洗干净，然后用干布将塑壳内的密封圈擦干放回，之后开启底部集砂膛一端的丝堵，将膛中积存物排出，将水放净，最后将过滤器压力表下的选择钮置于排气位置。

3. 砂介质过滤器

灌溉季节结束后，打开过滤器罐的顶盖，检查砂石滤料的数量，并与罐体上的标识相比较，若砂石滤料数量不足应及时补充以免影响过滤质量。若砂石滤料上有悬浮物要捞出。同时在每个罐内加入一包氯球，放置30分钟后，启动每个罐各反冲2分钟两次，然后打开过滤器罐的盖子和罐体底部的排水阀将水全部排净。单个砂介质过滤器反冲洗时，首先打开冲洗阀的排污阀，并关闭进水阀，水流经冲洗管由集水管进入过滤罐。双过滤器反冲洗时先关闭其中一个过滤罐上的三向阀门，同时打开该罐的反冲洗管进口，由另一过滤罐来的干净水通过集水管进入待冲洗罐内。反冲洗时，要注意控制反冲洗水流速度，使反冲流流速能够使砂床充分翻动，只冲掉罐中被过滤的污物，而不会冲掉作为过滤的介质。最后将过滤器压力表下的选择钮置于排气位置。若罐体表面或金属进水管路的金属镀层有损坏，应立即清锈后重新喷涂。

五、管道系统

在每个灌溉季节结束时，要对管道系统进行全系统的高压清洗。在有轮灌组的情况下，要按轮灌组顺序分别打开各支管和主管的末端堵头。开动水泵，使用高压力逐个冲洗轮灌组的各级管道，力争将管道内积攒的污物冲洗出去。在管道高压清洗结束后，应充分排净水分，把堵头装回。

六、田间设备

1. 排水底阀

在冬季来临前，为防止冬季将管道冻坏，把田间位于主支管道上的排水底阀打开，将管道内的水尽量排净，此阀门冬季不关闭。

2. 田间阀门

将各阀门的手动开关置于打开的位置。

3. 滴灌管

在田间将各条滴灌管拉直，勿使其扭折，若冬季回收也要注意勿使其扭曲放置。

七、预防滴灌系统堵塞

1. 灌溉水和水肥溶液先经过过滤或沉淀

在灌溉水或水肥溶液进入灌溉系统前，先经过一道过滤器或沉淀池，然后经过滤器后才进入输水管道。

2. 适当提高输水能力

根据试验，水的流量在4～8升/小时范围内，堵塞减到很小，但考虑流量愈大，费用愈高的因素，最优流量约为4升/小时。

3. 定期冲洗滴灌管

滴管系统使用5次后，要放开滴灌管末端堵头进行冲洗，把使用过程中积聚在管内的杂质冲洗出滴灌系统。

4. 事先测定水质

在确定使用滴灌系统前，最好先测定水质。如果水中含有较多的铁、硫化氢、丹宁，则不适合滴灌。

5. 使用完全溶于水的肥料

只有完全溶于水的肥料才能进行滴灌施肥。不要通过滴灌系统施用一般的磷肥，磷会在灌溉水中与钙反应形成沉淀，堵塞滴头。最好不要混合几种不同的肥料，避免发生化学作用而产生沉淀。

八、细小部件的维护

水肥一体化系统是一套精密的灌溉装置，许多部件为塑料制品，在使用过程中要注意各步操作的密切配合，不可猛力扭动各个旋钮和开关。在打开各个容器时，注意一些小部件要依原样安回，不要丢失。

水肥一体化系统的使用寿命与系统保养水平有直接关系，保养得越好，使用寿命越长，效益越持久。

九、水源工程

水源工程建筑物有地下取水、河渠取水、塘库取水等多种形式，保持这些水源工程建筑物的完好、运行可靠，确保设计用水的要求，是水源工程管理的首要任务。

对泵站、蓄水池等工程经常进行维修养护，每年非灌溉季节应进行年修，保持工程完好。对蓄水池沉积的泥沙等污物应定期排除洗刷。开敞式蓄水池的静水中藻类易于繁殖，在灌溉季节应定期向池中投放绿矾，可防止藻类滋生。

灌溉季节结束后，应排出所有管道中的存水，封堵阀门和井。

第五章
水肥一体化中的灌溉施肥制度

第一节　农田水分监测

一、植物水分监测

灌溉的最终目的是为了满足作物的水分需求。通常可以从作物形态指标上来观察，如作物生长速率减缓、幼嫩枝叶的凋萎等。形态指标虽然易于观察，但是当作物在形态上表现出受干旱或者缺水症状时，其体内的生理、生化过程早已受到水分亏缺的危害，这些形态症状只不过是生理、生化过程改变的结果。因此，应用灌溉的生理指标更为及时和灵敏。但生理指标测定需要精密仪器，在生产上的应用存在局限性。

1. 叶水势

叶水势是一个灵敏反映作物水分状况的指标。当作物缺水时，叶水势下降。对不同作物，发生干旱危害的叶水势临界

值不同。玉米当叶水势达到-0.8兆帕时，光合作用开始下降，当叶水势达到-1.2兆帕时，光合作用完全停止。但叶水分在一天之内变化很大，不同叶片、不同取样实践测定的水势值是有差异的。一般取样时间在9:00—10:00时为好。

2. 细胞汁液浓度或渗透势

干旱情况下叶片细胞汁液浓度常比正常水分含量的作物高，当作物缺水时，叶片细胞汁液浓度增高，当细胞汁液浓度超过一定值后，就会阻碍植株生长。汁液浓度可作为灌溉生理指标，例如，冬小麦功能叶的汁液浓度，拔节到抽穗期以6.5%～8.0%为宜，9.0%以上表示缺水，抽穗后以10.0%～11.0%为宜，超过12.5%～13.0%时应灌水。测定时需要将叶片捣碎榨汁，在田间可以用便携式电导率仪测定。

二、土壤水分监测

作物正常生长要求土壤中水分状况处于适宜范围。土壤过干或者过湿均不利于根系生长。当进行灌溉作业时，需要灌多少水，什么时候开始灌溉，什么时候灌溉结束，土壤需要湿润到什么深度等问题是进行科学合理灌溉的主要问题，都需要通过水分监测来进行。土壤水分监测的工具及使用方法具体如下。

1. 张力计

张力计可用于监测土壤水分状况并指导灌溉，是目前在田间应用较广泛的水分监测设备。张力计测定的是土壤基质势，并非土壤含水率，从而了解土壤水分状况。

（1）张力计的构造。

张力计主要构成如下：一是陶瓷头，上面密布微小孔隙，水分子及离子可以进入，通过陶瓷头上的微孔土壤水与张力计储水管中的水分进行交换；二是储水管，一般由透明的有机玻璃制造，根据张力计在土壤中的埋深，储水管长度从15～100厘米不等；三是压力表，安装于储水管顶部或侧边，刻度通常为0～100厘巴。

（2）张力计的使用方法。

第一步，按照说明书连接好各个配件，特别是各连接口的密封圈一定要放正，保证不漏气、不漏水。所有连接口勿旋太紧，以防接口处开裂。

第二步，选择土壤质地有代表性且较均匀的地面埋设张力计，用比张力计管径略大的土钻先在选定的点位钻孔，钻孔深度依张力计埋设深度而定。

第三步，将张力计储水管内装满水，旋紧盖子，加水时要慢，若出现气泡，必须将气泡驱除。为加水方便，建议用注射针筒或带尖出水口的洗瓶加水。

第四步，用现场土壤与水和成稀泥，填塞刚钻好的孔隙，将张力计垂直插入孔中，上下提张力计数次，直到陶瓷头与稀泥密切接触为止。张力计的陶瓷头必须和土壤密切接触，否则张力计不起作用。

第五步，待张力计内水分与土壤水分状况达到平衡后即可读数。张力计一旦埋设，不能再受外力碰触，对于经常观察的张力计，应该置保护装置，以免田间作业时碰坏。

当土壤过干时，会将储水管中的全部吸干，使管内进入空气。由于储水管是透明的，为防止水被吸干而疏忽观察，加水时可加入少量燃料，有色水更容易观察。

张力计对一般土壤而言可以满足水分监测的需要。但对砂土、过黏重的土壤和盐土，张力计不能发挥作用。砂土因孔隙太大，土壤与陶瓷头无法紧密接触，形成不了水膜，故无法显示真实数值；过分黏重的土壤中微细的黏粒会将陶瓷头的微孔堵塞，使水分无法进出陶瓷头；盐碱土因含有较多盐分，渗透势在总水势中占的比重越来越大，用张力计监测水分含量可能比实际要低。当土壤中渗透势绝对值大于20千帕时，必须考虑渗透势的影响。

2. 时域反射仪（TDR）

时域反射仪是基于水分子具有导电性和极性，还具有相对较高的绝缘灵敏度，该绝缘灵敏度可代表电磁能的吸收容量。设备由两根平行金属棒构成，棒长为几十厘米，可插在土壤里。金属棒连有一个微波能脉冲产生器，示波器可记录电压的振幅，并传递在土壤介质中不同深度的两根棒之间的能量瞬时变化。由于土壤介电常数的变化取决于土壤含水量，由输出电压和水分的关系则可计算出土壤含水量。

时域反射法的优点是精确度高、测量快速、操作简单、可在线连续监测、不破坏土壤结构。时域反射法的缺点是土壤质地、容重以及温度的影响显著，使用前需要进行标定；受土壤空隙影响明显；土壤湿度过大时，测量结果偏差较大；稳定性稍差；电路复杂，价格昂贵。

3. 频域反射法（FDR）

自1998年以来，频域反射法（FDR）已逐步为自动测量土壤水分最主要的方法，频域反射法利用电磁脉冲原理，根据电磁波在介质中传播的频率来测量土壤的表观介电常数，从而计算出土壤体积含水量。

频域反射法无论从成本上还是从技术的实现难度上都较TDR低，在电极的几何开关设计和工作频率的选取上有更大的自由度，而且能够测量土壤颗粒中束缚水含量。大多数FDR在低频（≤100兆赫兹）工作，能够测定被土壤细颗粒束缚的水，这些水不能被工作频率超过250兆赫兹的TDR有效测定。FDR无需严格的校准，操作简单，不受土壤容重、温度的影响，探头可与传统的数据采集器相连，从而实现自动连续监测。

4. 中子探测器

中子探测器的原理是中子从一个高能量的中子源发射到土壤中，中子与氢原子碰撞后，动能减少，速度变小，这些速度较小的中子可以被检测器检测到。土壤中的大多数氢原子都存在于水分中，所以检测到的中子数量可转化为土壤水分量。转化时，因中子散射到土壤体积会随水分含量变化，所以也必须考虑到土壤容积的大小。在相对干燥的土壤里，散射的面积比潮湿的土壤广。测量的土壤球体半径范围为几厘米到几十厘米。

5. 土壤湿润前峰探测仪

土壤湿润前峰探测仪是由南非的阿革里普拉思有限公司生产。它是由一个塑料漏斗、一片不锈钢网（作过滤用）、一根泡沫浮标组成，安装好后将漏斗埋入根区。当灌溉时，水分在土壤中移动，当湿润峰达到漏斗边缘时，一部分水分随漏斗壁流动进入漏斗下部，充分进水后，此处土壤处于水分饱和状态，自由水分将通过漏斗下部的过滤器进入底部的一个小蓄水管，蓄水管中的水达到一定深度后，产生浮力将浮标顶起。浮标长度为地面至漏斗基部的距离。用户通过地面露出部分浮标的升降即可了解湿润峰到达的位置，从而作出停止灌溉的决定。当露出地面的浮标慢慢下降时，表明土壤水减少，或湿润峰前移，下降到一定程度即可再灌水。

6. 驻波率（SWR）

驻波原理与TDR和FDR两种土壤水分测量方法一样，同属于介电测量。SWR型土壤水分传感器测量的是土壤的体积含水量，理论上SWR型土壤水分传感器的静态数学模型是一个三次多项式。对传感器进行标定时，将传感器在标准土样中进行测试，测量其输出电压，可得到一组测量数据，再通过回归分析确定出回归系数，即可得到传感器的特性方程。在实际应用中，只要测量不同土壤中的输出电压，根据特性方程便可换算出土壤的实际含水量。

第二节　作物营养吸收规律

一、作物必需的营养元素

判断某种元素是否为植物必需营养元素的标准有3个：①缺乏某种元素植物不能完成生命周期；②缺乏某种元素植物会表现出特有症状，只有补充这种元素后，症状才能减轻或消失；③这种元素对植物的新陈代谢起着直接的营养作用，而不是改善植物环境条件的间接作用。

大量元素包括碳、氢、氧、氮、磷、钾，它们在植物体内含量一般为百分之几。碳、氢、氧3种元素来自空气和水，是有机物的重要组成元素，对于氮、磷、钾这3种元素，植物需要量较大，仅靠土壤供应并不能满足作物需求量，常常需要通过施肥才能满足植物生长的需求，氮、磷、钾肥是植物需要量最多的肥料。

中量元素包括钙、镁、硫3种元素。它们在植物体内含量为千分之几，在土壤中含量较高，易满足植物需要，一般不需要施肥补充，但在南方降水量大的地区需要施肥补充。

微量元素包括铁、铜、锌、锰、钼、硼和氯。它们在植物体内含量为万分之几以下，微量元素虽然含量较低，但对植物的作用很大，一般土壤中含量可以满足植物的需要，但也有些微量元素在土壤中含量不足，需要通过施用微肥来补充。

还有些元素对植物生长有作用，但不是必需的元素，或只对某些植物在特定的条件下是必需的元素，通常被称为有益元素。例如钠、硅、钴、钒、硒、铝、碘、铬、砷、铈等。植物对有益营养元素的需求量要求十分严格，缺少时影响生长，稍微过量则有毒害作用。一般植物正常生长发育所要求的含量很低，适宜的范围也很窄。

二、影响作物吸收营养元素的因素

作物主要通过根系从土壤中吸收营养元素。因此，除了作物本身的遗传特性外，土壤和其他环境因子对营养元素的吸收以及向地上部分的运移都有显著的影响。

影响养分吸收的因素主要包括介质中的养分浓度、温度、光照强度、土壤水分、通气状况、土壤pH、养分离子理化性质、根的代谢活性、苗龄、生育时期植物体内养分状况等。

1. 介质中养分浓度

研究表明，在低浓度范围内，离子的吸收率随介质养分浓度的提高而上升，但上升速度较慢，在高浓度范围内，离子吸收的选择性较低，而陪伴离子及蒸腾速率对离子的吸收速率影响较大。若养分浓度过高，则不利于养分的吸收，也影响水分吸收。所以，化肥宜分次施用，有利于作物的吸收。

作物植物根系对养分吸收的反馈调节机理可使植物在体内某一养分离子的含量较高时，降低其吸收速率；反之，养分缺乏时，能明显提高吸收速率。

2. 介质中的养分种类

介质中的养分离子间的具有一定的拮抗作用与协助作用。离子间的拮抗作用是指在溶液中某一离子存在能抑制另一离子吸收的现象。离子间的协助作用是指在溶液中，某一离子的存在有利于根系对另一些离子的吸收。

3. 温度、水分、光照的影响

植物的生长发育和对养分的吸收都对温度有一定的要求。大多数植物根系吸收养分要求的适宜土壤温度为15～25℃。在0～30℃条件下，随着温度的升高，根系吸收养分加快，吸收的数量也增加。低温影响阴离子吸收比阳离子明显，可能是由于阴离子的吸收是以主动吸收为主。低温影响植物对磷、钾的吸收比氮明显。所以植物越冬时常需施磷肥，以补偿低温吸收阴离子不足的影响。钾可增强植物的抗寒性，所以，越冬植物要多施磷、钾肥。

水是植物生长发育的必要条件之一，土壤中养分的释放、迁移和植物吸收养分等都和土壤水分有密切关系。土壤水分适宜时，养分释放及其迁移速率都高，从而能够提高养分的有效性和肥料中养分的利用率。适宜的水分条件为田间持水量的60%～80%。当土壤含水量过高时，一方面稀释土壤中养分的浓度，加速养分的流失；另一方面会使土壤下层的氧不足，根系集中生长在表层，不利于吸收深层养分。同时，有可能出现局部缺氧而导致有害物质的产生而影响植物的正常生长，甚至死亡。

植物吸收养分是一个耗能过程，根系养分吸收的数量和强度受地上部往地下部供应的能量所左右。当光照充足时，光合作用强度大，产生的生物能也多，养分吸收的也就多。有些营养元素还可以弥补光照的不足，例如，钾肥就有补偿光照不足的作用。光照还可通过影响植物叶片的光合强度而对某些酶的活性、气孔的开闭和蒸腾强度等产生间接影响，最终影响到根系对矿质养分的吸收。

4. 土壤理化性状的影响

（1）通气状况。土壤通气状况主要从三个方面影响植物对养分的吸收：根系的呼吸作用；有毒物质的产生；土壤养分的形态和有效性。良好的通气环境，能使根部供氧状况良好，并能使呼吸产生的CO_2从根际散失。这一过程对根系正常发育、根的有氧代谢以及离子的吸收都有十分重要的意义。

（2）土壤pH。土壤反应对植物根系吸收离子的影响很大。pH对离子的影响主要是通过根表面，特别是细胞壁上的电荷变化及其与K^-、Cu^{2+}、Mg^{2+}等阳离子的竞争作用表现出来的。pH改变了介质中H^-和OH^-的比例，并对植物的养分吸收有显著的影响。pH值5.5～6.5时，各种养分的有效性均较高。

5. 根系的代谢及代谢产物的影响

由于离子和其他溶质在很多情况下是逆浓度梯度的累积，所以需要直接或间接地消耗能量。在不进行光合作用的细胞和组织中（包括根），能量的主要来源是呼吸作用。因此，所有影响呼吸作用的因子都可能影响离子的累积。

6. 苗龄和生育阶段

（1）作物的种子营养。种子发芽前后，依靠种子中贮存的物质吸取营养。三叶期以后则依靠介质提供营养。

（2）作物不同生育阶段的营养特点。一般在植物生长初期，养分吸收的数量少，吸收强度低。随时间的推移，植物对营养物质的吸收逐渐增加，往往在性器官分化期达到吸收高峰。到了成熟阶段，对营养元素的吸收又逐渐减少。

7. 植物营养临界期与植物营养最大效率期

作物在营养生长期中需肥的有两个关键时期，即植物营养临界期与植物营养最大效率期。植物营养临界期是指营养元素过少或过多或营养元素间不平衡，对植物生长发育起着明显不良影响的那段时间。多出现在作物生育前期，如磷素营养的临界期多出现在幼苗期。植物营养最大效率期是指营养物质在植物体内能产生最大效能的那段时间。多出现在作物生长最旺盛的时期，这一时期，作物生长迅速，吸收养分能力特别强，如能及时满足作物对养分的需要，增产效果将非常显著。在肥水管理过程中既要重视植物需肥的关键时期，又要正视植物吸肥的连续性，采用基肥、追肥、种肥相结合的方法。

三、施肥存在的一些误区

当前农民在施肥量、施肥方法、施肥时间等方面存在较多误区，容易出现因施肥不当而造成施肥后肥效差、见效慢，甚至植株死亡的现象。具体误区主要有以下几点。

1. 表土施肥

表土施肥，肥料易挥发、流失或难以到达作物根部，不利于作物吸收、造成肥料利用率低。因此，施肥时应根据植株的地上部生长情况及地下部根系生长情况确定施肥位置，确保施肥效果。

2. 施肥量越多越好

施肥量过大，虽然有时产量、收入提高了，但因成本过高，实际收益却不高；有时因为只促不控而导致植株营养生长过于旺盛，生殖器官生长发育不足，产量下降，适得其反。因此，应根据作物全生育期的需肥特性、土壤肥力、作物的种植密度等，以供给充足但不浪费的原则，找出最佳施肥方案，充分发挥肥效，增加经济效益。

3. 偏施氮肥，忽视磷、钾肥

氮素过多容易造成茎叶徒长、组织柔弱，抗病能力降低，尤其是生长发育后期偏施氮肥造成作物贪青，影响生殖生长，阻碍营养物质的转化，反而使产量降低、品质下降。因此，施用氮肥应适时、适量，而且要与磷、钾配合施用，以促进作物生殖生长，提高产量。

4. 忽视中微量元素的施用

只注重氮、磷、钾的施用，认为仅施用氮磷钾大量元素就能满足作物生长的需要，而忽视了中微量元素的施用。后果是中微量元素跟不上，不仅影响了大量元素的吸收利用，造成浪费，而且会因中微量元素的缺乏导致植株畸形、落花落果、作物产量和品质下降等。因此，应根据植株的生长特性决定施肥的种类和数量，在施足氮、磷、钾等大量元素的同时，配合施用钙、镁、硫、铁、锰、锌、硼等多种中微量元素，以保证作物正常生长发育。

5. 出现缺肥症状后再施肥

肥料施入后，都需要一定时间才能被吸收利用。因此，作物出现缺肥症状后再施肥，则会造成作物缺肥时间加长，造成减产。所以施肥应根据作物需肥特性以及光、温、水等因素来确定施肥时间。

第三节　水肥一体化中肥料选择

一、水肥一体化的施肥种类

水肥一体化技术，对肥料的选择有着较高的要求。对于滴灌来说，灌水器的流道细小或狭长，一般只能用水溶性肥料或液体肥，以防流道堵塞。而喷灌喷头的流道较大，且喷灌的喷水有如降雨一样，可以喷洒叶面肥，因此，喷灌施肥对肥料的要求相对要低一点。

1. 磷肥

常用于水肥一体化技术的磷肥有磷酸、磷酸二氢钾、磷酸一铵、磷酸二铵。其中，磷酸非常适合水肥一体化技术中，通过滴注器或微型灌溉系统灌溉施肥时，建议使用磷酸。

2. 氮肥

常用于水肥一体化技术的氮肥有尿素、硫酸铵、硝酸铵、磷酸一铵、磷酸二铵、硝酸钾、硝酸钙、硝酸镁。其中，尿素是最常用的氮肥，纯净，极易溶于水，在水中完全溶解，没有任何残余。尿素进入土壤后3～5天，经水解、氨化和硝化作用，转变为硝酸盐，供作物吸收利用。

3. 钾肥

常用于水肥一体化技术的钾肥有氯化钾、硫酸钾、硝酸钾、磷酸二氢钾、硫代硫酸钾。其中，氯化钾、硫酸钾、硝酸钾最为常用。氯化钾是最廉价的钾源，建议使用白色氯化钾，其溶解度高，溶解速度快。不建议使用红色氯化钾，其红色不溶物（氧化铁）会堵塞出水口。硫酸钾常用在对氯敏感的作物上。但肥料中的硫酸根限制了其在硬水中使用，因为易在硬水中生成硫酸钙沉淀。硝酸钾是非常适合水肥一体化技术的二元肥料，但在作物生长末期，当作物对钾需求增加时，硝酸根不但没有利用价值，反而会对作物起反作用。

4. 有机肥料

有机肥要用于水肥一体化技术，主要解决两个问题：一是有机肥必须液体化，二是要经过多级过滤。一般易沤腐、残渣少的有机肥都适合于水肥一体化技术；含纤维素、木质素多的有机肥不宜于水肥一体化技术，如秸秆类。有些有机物料本身就是液体的，如酒精厂、味精厂的废液。但有些有机肥沤后含残渣太多不宜做滴灌肥料（如花生麸）。沤腐液体有机肥应用于滴灌更加方便，经过多级过滤，只要肥液不存在导致微灌系统堵塞的颗粒，均可直接使用。

5. 中微量元素

中微量元素肥料中，绝大部分溶解性好、杂质少。钙肥常用的有硝酸钙、硝酸铵钙。镁肥中常用的有硫酸镁，硝酸镁价格高很少使用，硫酸钾镁肥也越来越普及施用。

水肥一体化技术中常用的微肥是铁、锰、铜、锌的无机盐或螯合物。无机盐一般为铁、锰、铜、锌的硫酸盐，其中硫酸亚铁容易产生沉淀，此外还易与磷酸盐反应产生沉淀堵塞滴头。螯合物金属离子与稳定的、具有保护作用的有机分子相结合，避免产生沉淀、发生水解，但价格较高。常用于水肥一体化技术的中微量元素肥料有硝酸钙、硝酸铵钙、氯化钙、硫酸镁、氯化镁、硝酸镁、硫酸钾镁、硼酸、硼砂、水溶性硼、硫酸铜、硫酸锰、硫酸锌等。

6. 水溶性复混肥

水溶性肥料是近年来兴起的一种新型肥料，是指经水溶解或稀释，用于灌溉施肥、无土栽培、浸种蘸根等用途的液体肥料或固体肥料。在实际生产中，水溶性肥料主要是水溶性复混肥，不包括尿素、氯化钾等单质水溶肥料，目前必须经过国家化肥质量监督检验中心进行登记。根据其组分不同，可以分为大量元素水溶肥料、微量元素水溶肥料、中量元素水溶肥料、含氨基酸水溶肥料、含腐殖酸水溶肥料。在这五类肥料中，大量水溶肥料既能满足作物多种养分需求，又适合水肥一体化技术，是未来发展的主要类型。

除上述有标准要求的水溶肥料外，还有一些新型水溶肥料，如糖醇螯合水溶肥料、含海藻酸型水溶肥料、木醋液（或竹醋液）水溶肥料、稀土型水溶肥料、有益元素类水溶肥料等也可用于水肥一体化技术中。

二、肥料使用注意的因素

1. 肥料与灌溉水的反应

灌溉水中通常含有各种离子和杂质，如钙镁离子、硫酸根离子、碳酸根和碳酸氢根离子等。这些灌溉水中固有的离子达到一定浓度时，会与肥料中有关离子反应，产生沉淀。这些沉淀易堵塞滴头和过滤器，降低养分的有效性。如果在微灌系统中定期注入酸溶液（如硫酸、磷酸、盐酸等），可溶解沉淀，以防滴头堵塞。

2. 肥料混合时的反应

为避免肥料混合后相互作用产生沉淀，应在微灌施肥系统中采用两个以上的贮肥罐，在一个贮存罐中贮存钙、镁和微量营养元素，在另一个贮存罐中贮存磷酸盐和硫酸盐，确保安全有效的灌溉施肥。

3. 肥料溶解时的温度变化

多数肥料溶解时会伴随热反应。如磷酸溶解时会放出热量，使水温升高；尿素溶解时会吸收热量，使水温降低，了解这些反应对田间配置营养母液有一定的指导意义。如气温较低时为防止盐析作用，应合理安排各种肥料的溶解顺序，尽量利用它们之间的热量来溶解肥料。不同化肥在不同温度下的每升水溶解度见表5-1。

表5-1　化肥在不同温度下的溶解度（克）

化肥种类	0℃	10℃	20℃	30℃
尿素	680	850	1 060	1 330
硝酸铵	1 183	1 580	1 950	2 420
硫酸铵	706	730	750	780
硝酸钙	1 020	1 240	1 294	1 620
硝酸钾	130	210	320	460
硫酸钾	70	90	110	130
氯化钾	280	310	340	370
硝酸氢二钾	1 328	1 488	1 600	1 790
磷酸二氢钾	142	178	225	274
磷酸二铵	429	628	692	748
磷酸一铵	227	295	374	464
氯化镁	528	540	546	568
硫酸镁	260	308	356	405

第四节　灌溉施肥方案的拟定

一、灌溉方案的拟定

灌溉方案的拟定包括收集资料、确定灌溉定额、灌水次数、灌水的间隔时间、一次灌水的延续时间和灌水定额等。

1. 收集资料

首先要收集当地气象资料，包括常年降水量、降水月分布、气温变化、有效积温。其次要收集主要作物种植资料，包括播种期、需水特性、需水关键期及根系发育特点、种植密度、常年产量水平等。最后要收集土壤资料，包括土壤质地、田间持水量等。

2. 确定灌溉定额

灌溉的目的是补充降水量的不足，因此从理论上讲，微灌灌溉定额是作物全生育期的需水量与降水量的差值。表示为：

$$W_{总}=P_w-R_w$$

式中，$W_{总}$为灌溉定额，毫米或米^3；P_w为作物全生育期需水量，毫米或米^3；R_w为作物全生育期内的常年降水量，毫米或米^3。

确定日光温室的灌溉定额时主要是考虑作物全生育期的需水量，因为R_w为零。作物全生育期需水量P_w则可以通过作物日耗水强度进行计算：

P_w=（作物日耗水量×生育期天数）/η

η为灌溉水利用系数，在微灌条件下一般选取0.9～0.95。

灌溉定额是总体上的灌水量控制指标，但在实际生产中，降水量不仅在数量上要满足作物生长发育的需求，还需要在时间上与作物需水关键期吻合，才能充分利用自然降水。因此，还需要根据灌水次数和每次灌水量，对灌溉定额进行调整。

3. 确定灌水定额

灌水定额是指一次单位面积上的灌水量，通常以米^3/亩或毫米表示，由于作物的需水量大于降水量，每次灌水量都是在补充降水的不足。每次灌水量又因作物生长发育阶段的需水特性和土壤现时含水量的不同而不同，因此，每种作物生育阶段的灌水定额都需要计算确定。

灌水定额主要依据土壤的存储水能力，一般土壤存储水量的能力顺序为：黏土>壤土>砂土。以每次灌水达到田间持水量的90%计算，黏土的灌水定额最大，依次是壤土、砂土。灌水定额计算时需要土壤湿润比、计划湿润深度、土壤容重、灌溉上限与灌溉下限的差值和灌溉水利用系数等参数。

灌水定额的计算公式为：

$$W = 0.1phr(\theta_{\max} - \theta_{\min})\eta$$

式中，W为灌水定额，毫米；p为土壤湿润比，%；h为计划湿润层深度，米；r为土壤容重，克/厘米^3；$\theta_{\max}$为灌溉上限，以占田间持水量的百分数表示，%，下同；$\theta_{\min}$为灌溉下限，%；η为灌溉水利用系数，在微灌条件下一般选取0.9～0.95。

4. 确定灌水时间间隔

微灌条件下每一次灌水定额要比地面大水灌溉量少得多，当上一次的灌水量被作物消耗之后，就需要又一次灌溉了。因此，灌水之间的时间间隔取决于上一次灌水定额和作物耗水强度。当作物确定之后，在不同质地的土壤上要想获得相同的产量，总的耗水量相差不会太大，所以灌溉频率应该是砂土最大，壤土次之，黏土最小；灌水时间间隔是黏土最大，壤土次之，砂土最小。

灌水时间间隔（灌水周期）可采用以下公式计算：

$$T = \frac{W}{E} \times \eta$$

式中，T为灌水时间间隔，天；W为灌水定额，毫米；E为作物需水强度或耗水强度，毫米/天（一般果树为3～5毫米/天，葡萄瓜类为3～6毫米/天）；η为灌溉水利用系数，在微灌条件下一般选取0.9～0.95。

在实际生产中，灌水时间间隔可以按作物生育期的需水特性分别计算。灌水时间间隔还受到气候条件的影响。在露地栽培的条件下，受到自然降水的影响，灌水时间间隔的设计主要体现在干旱少雨阶段的微灌管理。在设施栽培的条件下，灌水时间间隔受到气温的影响较大，在遇到低温时，作物耗水强度下降，同样数量的水消耗的时间缩短，因此，实际生产中需要根据气候和土壤含水量来增大或缩小灌水时间间隔。

5. 确定一次灌水延续时间

一次灌水延续时间是指完成一次灌水定额时所需要的时间，也间接反映了微灌设备的工作时间。在每次灌水定额确定之后，灌水器的间距、毛管的间距和灌水器的出水量都直接影响灌水延续时间。计算公式为：

$$t = wS_eS_r / q$$

式中，t为一次灌水延续时间，小时；w为灌水定额，毫米；S_e为灌水器间距（米）；S_r为毛管间距，米；q为灌水器流量，升/小时。

对于成龄果树，一棵树安装n个滴头灌溉时，则式中S_e为果树的株距（米），S_r为果树的行距（米）。

6. 确定灌水次数

当灌溉定额和灌水定额确定之后，就可以很容易地确定灌水次数了。用公式表示为：

灌水次数=灌溉定额/灌水定额

采用微灌时，作物全生育期（或全年）的灌水次数比传统地面灌溉的次数多，并且随作物种类和水源条件等而不同。在露地栽培条件下，降水量和降水分布直接影响灌水次数。应根据墒情监测结果确定灌水的时间和次数。在设施栽培中进行微灌技术应用时，可以根据作物生育期分别确定灌水次数，累计得出作物全生育期或全年的灌水次数。

7. 确定灌溉制度

根据上述各项参数的计算，可以最终确定在当地气候、土壤等自然条件下，某种作物的灌水次数、灌水日期和灌水定额及灌溉定额，使作物的灌溉管理用制度化的方法确定下来。由于灌溉制度是以正常年份的降水量为依据的，在实际生产中，灌水次数、灌水日期和灌水定额需要根据当年的降水和作物生长情况进行调整。

二、施肥方案的拟定

施肥方案必须明确施肥量、肥料种类、肥料的使用时期。施肥量的确定要受到植物产量水平、土壤供肥量、肥料利用率、当地气候、土壤条件及栽培技术等综合因素的影响。确定施肥量的方法也很多，如养分平衡法、田间试验法等。这里仅以养分平衡法为例介绍施肥量的确定方法。

（一）施肥量确定

1. 植物目标产量的养分需求总量

土壤肥力是决定产量高低的基础，某一种植物目标产量多高要依据当地的综合因素而确定，不可盲目过高或过低，确定目标产量的方法很多，常用的方法是以当地前3年植物的平均产量为基础，再增加10%～15%的产量作为目标产量。按照目标产量，按下列公式算出植物目标产量所需要氮、磷、钾的总量。

植物目标产量所需养分量（千克）=（目标产量÷100）×百千克产量所需养分量

2. 土壤供肥量

土壤供肥量是指植物达到一定产量水平时从土壤中吸收的养分量（不含施用的肥料养分量）。获得这一数值的方法很多，一般来讲，土壤的供肥量多以该种土壤上无肥区全收获物中养分的总量来表示，各地应按土壤类型，对不同植物进行多点试验，取得当地的可靠数据后，按下式估算土壤供肥量：土壤供肥量=土壤养分测定值（毫克/千克）×0.15×校正系数。

3. 肥料利用率

肥料利用率是指植物吸收来自所施肥料的养分占所施肥料养分总量的百分率。它是合理施肥的一个重要标志，也是计算施肥量时所需的一个重要参数，它可以通过田间试验和室内的化学分析结果按下式求得：肥料利用率（%）=[（施肥区植物地上部分该元素的吸收量—无肥区植物地上部分该元素的吸收量）/所施肥料中该元素的总量]×100。

知道了实现目标产量所需的养分总量、土壤供肥量和将要施用的肥料利用率及该种肥料中某一养分的含量，就可依据下面公式估算出计划施肥量：计划施肥量（千克）=（目标产量所需的养分总量—土壤供肥量）÷（肥料中有效养分含量×肥料利用率）。

（二）施肥时期的确定

掌握植物的营养特性是实现合理施肥的最重要依据之一。不同的植物种类其营养特性是不同的，即便是同一种植物在不同的生育时期其营养特性也是各异的，只有了解植物在不同生育期对营养条件的需求特征，才能根据不同的植物及其不同的时期，有效地应用施肥手段调节营养条件，达到提高产量、改善品质和保护环境的目的。植物的一生要经历许多不同的生长发育阶段，在这些阶段中，除前期种子营养阶段和后期根部停止吸收养分的阶段外，其他阶段都要通过根系或叶等其他器官从土壤中或介质中吸收养分，植物从环境中吸收养分的整个时期，叫植物的营养期。植物不同生育阶段从环境中吸收营养元素的种类、数量和比例等都有不同要求的时期，叫做植物的阶段营养期。植物对养分的要求虽有其阶段性和关键时期，但决不能忘记植物吸收养分的连续性。任何一种植物，除了营养临界期和最大效率期外，在各个生育阶段中适当供给足够的养分都是必需的。

（三）施肥环节的确定

植物有营养期且有阶段营养期，在植物营养期内就要根据苗情而施肥，所以施肥的任务不是一次就能完成的。对于大多数一年生或多年生植物来说，施肥应包括基肥、种肥和追肥3个时期（或环节）。每个施肥时期（或环节）都起着不同的作用。

1. 基肥

群众也常称为底肥，它是在播种（或定植）前结合土壤耕作施入的肥料。其作用是双重的，一方面是培肥和改良土壤，另一方面是供给植物整个生长发育时期所需要的养分。通常多用有机肥料，配合一部分化学肥料作基肥。基肥的施用应按照肥土、肥苗、土肥相融的原则施用。

2. 种肥

播种（或定植）时施在种子附近或与种子混播的肥料。其作用是给种子萌发和幼苗生长创造良好的营养条件和环境条件。因此，种肥一般多用腐熟的有机肥或速效性的化学肥料以及细菌肥料等。同时，为了避免种子与肥料接近时可能产生的不良作用，应尽量选择对种子或根系腐蚀性小或毒害轻的肥料。凡是浓度过大、过酸或过碱、吸湿性强、溶解时产生高温及含有毒性成分的肥料均不宜作种肥施用。例如碳酸氢铵、硝酸铵、氯化铵，以及土法生产的过磷酸钙等均不宜作种肥。

3. 追肥

追肥指在植物生长发育期间施入的肥料。其作用是及时补充植物在生育过程中所需的养分，以促进植物进一步生长发育，提高产量和改善品质，一般以速效性化学肥料作追肥。

第六章
蔬菜水肥一体化技术应用

第一节　结球生菜水肥一体化技术应用

一、结球生菜需水规律

生菜是叶用莴苣的俗称，属于菊科莴苣属，一年生或二年生草本作物。生菜喜冷凉，生长温度为15～20℃，最适宜昼夜温差大，夜间温度较低的环境。结球适温为10～16℃，温度超过25℃，叶球内部因高温会引起心叶坏死腐烂，且生长不良。

生菜整个生长期需水量大，生长期间不能缺水，特别是结球生菜的结球期，需水分充足，如果干旱缺水，不仅叶球小，且叶味苦、质量差。但水分也不能过多，否则叶球会散裂，影响外观品质，还易导致软腐病及菌核病的发生。

二、结球生菜需肥规律

结球生菜生长迅速，喜氮肥，特别是生长前期更甚。生长初期生长量少，吸肥量较小。在播后70～80天进入结球期，养分吸收量急剧增加，在结球期的1个月左右，氮的吸收量可以占到全生育期的80%以上。磷、钾的吸收与氮相似，尤其是钾的吸收，不仅吸收量大，而且一直持续的收获。结球期缺钾严重影响叶重。幼苗期缺磷对生产生长影响最大。此外，生菜也是需钙量非常大的作物，吸收量超过磷，尤其是结球期，由于天气、施肥等因素造成的生理性缺钙，使干烧心、裂球等病症发生越来越多。

三、结球生菜水肥一体化技术方案

表6-1为华北地区日光温室秋冬结球生菜滴灌施肥方案，可供相应地区生产使用参考。

表6-1　日光温室秋冬结球生菜滴灌施肥方案

生育时期	灌溉次数	灌溉定额（米^3/亩・次）	每次灌溉加入的纯养分量（千克/亩）			
			N	P_2O_5	K_2O	$N+P_2O_5+K_2O$
定植前	1	20	3.0	3.0	3.0	9.0
发棵期	1	8	1.0	0.5	0.8	2.3
结球期	2	10	1.0	0.3	1.0	2.3
收获期	3	8	1.2	0	2.0	3.2
合计	7	72	9.6	4.1	11.8	25.5

应用说明：

（1）本方案适宜华北地区日光温室秋冬茬栽培，要求土层深度厚、有机质丰富、保水保肥能力强的黏壤土或壤土，土壤pH值6左右。

（2）定植前施基肥。亩施有机肥2 000 ~ 3 000千克、氮3千克、磷3千克、钾3千克和钙4 ~ 8千克。

（3）定植至发棵期只滴灌施肥1次，肥料品种可选用尿素2.2千克/亩、磷酸二氢钾1.0千克/亩、硫酸钾0.9千克/亩。

（4）发棵指结球期根据土壤情况滴灌2次，其中第2次滴灌时进行施肥，肥料品种可选用尿素0.9千克/亩、磷酸二氢钾0.6千克/亩、硫酸钾1.7千克/亩。

（5）结球至收获期，滴灌3次，第1次不施肥，后2次结合生菜长势实施滴灌施肥，结球后期应减少浇水量，防止裂球。同时可叶面喷施钼肥和硼肥。

（6）为防止叶球干烧心和腐烂，在生菜发棵期和结球期，结合喷药叶面喷施或者滴灌施用浓度为0.3%的氯化钙或其他钙肥3 ~ 5次。

（7）参照表6-1提供的养分数量，可以选择其他的肥料品种组合，并换算成具体的肥料数量。不宜施用含氯化肥。

第二节　茄子水肥一体化技术应用

一、茄子需水规律

茄子喜温怕湿、喜光不耐阴、喜肥耐肥，生育期长，需肥量大。茄子适宜的灌溉方式有微喷带、滴灌、膜下滴灌、膜下微喷灌。

茄子枝叶繁茂，叶面积大，水分蒸发多。茄子的抗旱性较弱，尤其是幼嫩的茄子植株，当土壤中水分不足时，植株生长缓慢，还常引起落花，而且长出的果实皮粗糙、无光泽、品质差。茄子生长前期需水较少，结果期需水量增多。为防止茄子落花，第一朵花开放时要控制水分，门茄“瞪眼”时表示已坐住果，要及时浇水，以促进果实生长。茄子喜水又怕水，土壤潮湿通气不良时，易引起沤根。空气湿度大，易引起病害，应注意通风排湿。茄子既怕旱又怕涝，但在不同的生育阶段对水分的要求有所不同。一般门茄坐果以前需水少，以后需水量增大，特别是“对茄”收获前后需水量最大。在设施栽培中，适宜的空气相对湿度为70%～80%。田间适宜土壤相对含水量应保持在70%～80%，水分过多易导致徒长、落花或发生病害，但一般不能低于55%。

茄子定植水要浇够，缓苗后发现缺水可浇水一次，但水量不宜太大，水后及时中耕松土。浇水量要轻，水要小，3月份地温达18℃以上时加大浇水量，盛果期一水一肥。定植后，4月份以前不浇水；5月份后，如遇连续晴天，土壤干燥，应及时浇水，如植株发病，不可灌水，只能浇水。

茄子的发芽期，从种子萌动到第一片真叶出现为止，需要15～20天。播种后要注意提高地温。幼苗期，从第一片真叶出现到门茄现蕾，需要50～70天。幼苗3～4片真叶时开始花芽分化，花芽分化之前，幼苗以营养生长为主，生长量很小，水分、养分需要量较少，从花芽分化开始，转为生殖生长和营养生长同时进行。这一段时间幼苗生长量大，水分、养分需求量

逐渐增加。分苗应该在花芽分化前进行，以扩大营养面积，保证幼苗迅速生长发育和花器官的正常分化。

二、茄子需肥规律

茄子对各种养分吸收的特点是从定植开始到收获结束逐步增加。特别是开始收获后养分吸收量增多，至收获盛期急剧增加。其中在生长中期吸收钾的数量与吸收氮的情况相近，到生育后期钾的吸收量远比氮素要多，到后期磷的吸收量虽有所增多，但与钾氮相比要小得多。苗期氮、磷、钾三要素的吸收仅为其总量的0.05%、0.07%、0.09%。开花初期吸收量逐渐增加，到盛果期至末果期养分的吸收量占全期的90%以上，其中盛果期占2/3左右。各生育期对养分的要求不同，生育初期的肥料主要是促进植株的营养生长，随着生育期的进展，养分向花和果实的输送量增加。在盛花期，氮和钾的吸收量显著增加，这个时期如果氮素不足，花发育不良，短柱花增多，产量降低。

三、茄子水肥一体化技术方案

表6-2是华北地区日光温室越冬茄子滴灌施肥方案，可供各地运用时参考。

表6-2　日光温室越冬茄子滴灌施肥方案

生育时期	灌溉次数	灌溉定额（米^3/亩·次）	每次灌溉加入的纯养分量（千克/亩）			
			N	P_2O_5	K_2O	$N+P_2O_5+K_2O$
定植前	1	20	5	6	6	17
苗期	2	10	1	1	0.5	2.5

（续表）

生育时期	灌溉次数	灌溉定额（米^3/亩·次）	每次灌溉加入的纯养分量（千克/亩）			
			N	P_2O_5	K_2O	$N+P_2O_5+K_2O$
开花期	3	10	1	1	1.4	3.4
采收期	10	15	1.5	1	2	4.5
合计	16	220	25	21	31.2	77.2

应用说明：

（1）本方案适宜于华北地区日光温室越冬栽培。选择有机质含量较高、疏松肥沃、排水良好的土壤，土壤pH值7.5左右。采用大小行定植，大行70厘米，小行50厘米，株距45厘米，早熟品种亩株数3 000～3 500株，晚熟品种亩株数2 500～3 000株。目标产量4 000千克/亩。

（2）定植前施基肥，亩施腐熟有机肥5 000千克、氮（N）5千克、磷（P_2O_5）6千克和钾（K_2O）6千克，肥料品种可选用尿素5千克/亩、磷酸二铵13千克/亩、氯化钾10千克/亩，或使用三元素复合肥（15-15-15）40千克/亩，结合深松耕在种植带开沟将基肥施入。定植前沟灌1次，灌水量20米^3。

（3）苗期不能过早灌水，只有当土壤出现缺水状况时，才能进行滴灌施肥，肥料品种可选用尿素2.2千克/亩和磷酸二氢钾2.0千克/亩。

（4）开花后至坐果前，应适当控制水肥供应，以利开花坐果，开花期滴灌施肥1次，肥料可选用尿素2.2千克/亩、磷酸二氢钾2.0千克/亩和氯化钾1.4千克/亩。

（5）进入采收期后，植株对水肥的需要量增大，一般前期每隔8天滴灌施肥1次，中后期每隔5天滴灌施肥1次。每次肥料品种可选用尿素3.26千克/亩、氯化钾3.33千克/亩。

（6）参照表6-2提供的养分数量，可以选择其他的肥料品种组合，并换算成具体的肥料数量。

第三节　黄瓜水肥一体化技术应用

黄瓜通常起垄种植，适宜的灌溉方式有滴灌、膜下滴灌、膜下微喷带，其中膜下滴灌应用面积最大。滴灌时，可用薄壁滴灌带，厚壁0.2～0.4毫米，滴头间距20～40厘米，流量1.5～2.5升//小时。采用喷水带时，尽量选择流量小的。

一、黄瓜需水规律

黄瓜需水量大，生长发育要求有充足的土壤水分和较高的空气湿度。黄瓜吸收的水分绝大部分用于蒸腾，蒸腾速率高，耗水量大。试验结果表明，露地种植时，平均每株黄瓜干物质重133克，单株黄瓜整个生育期蒸腾量101.7千克，平均每株每日蒸腾量1 591克，平均每形成1克干物质，需水量765克，即蒸腾系数为765。一般情况下，露地栽培的黄瓜蒸腾系数为400～1 000，保护地栽培的黄瓜蒸腾系数400以下。黄瓜不同生育期对水分需求有所不同，幼苗期需水量少，结果期需水量多。黄瓜的产量高，收获时随着产品带走的水分数量也很多，这也是黄瓜需水量多的原因之一。黄瓜植株耗水量大，而根系多分布于浅层土壤中，对深层土壤水分利用率低，植株的正常发育要求土壤水分充足，一般土壤相对含水量80%以上时生长良好，适宜的空气相对湿度为80%～90%。

黄瓜定植后要强调灌好3～4次水，即稳苗水、定植水、缓苗水等。在浇好定植缓苗水的基础上，当植株长有4片真叶，根系将要转入迅速伸展时，应顺沟浇一次大水，以引导根系继续扩展。随后就进入适当控水阶段，此后，直到根瓜膨大期一般不浇水，主要加强保墒，提高地温，促进根系向深处发展。结果以后，严冬时节即将到来，植株生长和结瓜虽然还在进行，但用水量也相对减少，浇水不当还容易降低地温和诱发病害。天气正常时，一般7天左右浇一次水，以后天气越来越冷，浇水的间隔时间可逐渐延长到10～12天。浇水一定要在晴天的上午进行，可以使水温和地温更接近，减小根系因灌水受到的刺激；并有时间通过放风排湿使地温得到恢复。

浇水间隔时间和浇水量也不能完全按上面规定的天数硬性进行，还要根据需要和黄瓜植株的长相、果实膨大增重和某些器官的表现来衡量判断。瓜秧深绿，叶片没有光泽，卷须舒展是水肥合适的表现；卷须呈弧状下垂，叶柄和主茎之间的夹角大于45度，中午叶片有下垂现象，是水分不足的表现，应选晴天及时浇水。浇水还必须注意天气预报，一定要使浇水后能够遇上几个晴天，浇水后遇上连阴天对黄瓜生长非常不利。

也可通过经验法或张力计法进行确定是否需要灌水和确定灌水时间。在生产实践中可凭经验判断土壤含水量。如壤土和砂壤土，用手紧握形成土团，再挤压时土团不易碎裂，说明土壤湿度大约在最大持水量的50%以上，一般不进行灌溉；如手捏松开后不能形成土团，轻轻挤压容易发生裂缝，证明水分含量少，及时灌溉。夏秋干旱时期还可根据天气情况决定灌水时期，一般连续高温干旱15天以上即需开始灌溉，秋冬干旱可延续20天以上再开始灌溉。当用张力计检测水分时，一般可在菜园土层中埋1支张力计，埋深20厘米。土壤湿度保持在田间持水量的60%～80%，即土壤张力在10～20厘巴时有利于黄瓜生长。超过20厘巴表明土壤变干，要开始灌溉，张力计读数回零时为止。当用滴灌时，张力计埋在滴头的正下方。

二、黄瓜需肥规律

黄瓜的营养生长与生殖生长并进时间长，产量高，需肥量大，喜肥但不耐肥，是典型的果蔬型瓜类作物。每1 000千克商品瓜需氮2.8～3.2千克、五氧化二磷1.2～1.8千克、氧化钾3.3～4.4千克、氧化钙2.9～3.9千克、氧化镁0.6～0.8千克。氮、磷、钾比例为1∶0.4∶1.6。黄瓜全生育期需钾最多，其次是氮，再次为磷。

黄瓜对氮、磷、钾的吸收是随着生育期的推进而有所变化的，从播种到抽蔓吸收的数量增加；进入结瓜期，对各养分吸收的速度加快；到盛瓜期达到最大值，结瓜后期则又减少。它的养分吸收量因品种及栽培条件而异。各部位养分浓度的相对含量，氮、磷、钾在收获初期偏高，随着生育时期的延长，其相对含量下降；而钙和镁则是随着生育期的延长而上升。

三、黄瓜水肥一体化技术方案

表6-3是日光温室越冬黄瓜滴灌施肥方案，可供日光温室越冬黄瓜生产使用参考。

表6-3　日光温室越冬黄瓜滴灌施肥方案

生育时期	灌溉次数	灌溉定额（米³/亩·次）	每次灌溉加入的纯养分量（千克/亩）			
			N	P_2O_5	K_2O	$N+P_2O_5+K_2O$
定植前	1	22	15.0	15.0	15.0	45
苗期	2	9	1.4	1.4	1.4	4.2
开花期	2	11	2.1	2.1	2.1	6.3
采收期	17	12	1.7	1.7	3.4	6.8
合计	22	266	50.9	50.9	79.8	181.6

应用说明：

（1）本方案适宜于日光温室越冬茬黄瓜，土壤肥力中等地块，宽窄行种植，每亩定植2 900～3 000株，目标产量13 000～15 000千克/亩。

（2）定植前施基肥，每亩施用腐熟的畜禽类肥3 000～4 000千克和15-15-15的复合肥100千克/亩。第一次灌水用沟灌浇透，浇水量22米³/亩·次，以促进有机肥的分解和和沉实土壤。

（3）定植至开花期：进行2次滴灌施肥，滴灌用水9米³/亩·次；肥料选用专用复合肥料（20-20-20）7千克/亩或相当养分量的冲施肥。

（4）开花至坐果期：滴灌施肥2次，滴灌用水11米³/亩·次；肥料选用专用复合肥料（20-20-20）10.5千克/亩或相当养分量的冲施肥。

（5）采收期：一般7～9天要进行1次滴灌施肥，滴灌用水12米³/亩·次；肥料选用专用复合肥料（20-20-20）10.5千克/亩或相当养分量的冲施肥。在滴灌施肥的基础上，可根据

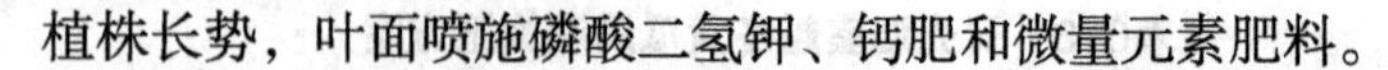

植株长势，叶面喷施磷酸二氢钾、钙肥和微量元素肥料。

（6）参照表6-3提供的养分数量，可以选择其他的肥料品种组合，并换算成具体的肥料数量。

第七章
果树水肥一体化技术应用

第一节 苹果树水肥一体化技术应用

一、苹果树需水规律

根据苹果树需水规律一般应在以下几个时期灌水。第一是萌芽前，根、茎、花、叶都开始生长，需水较多，发芽前充分灌水，对肥料溶解吸收，新根生长，对开花速度、整齐度等有明显作用，通常每年都要灌1次萌芽水。第二是新梢旺长期，此期需水量最多，是全年需水临界期，宜灌大水，促春梢速长，增加早期功能叶片数量，并可减轻生理落果。第三是花芽分化前及幼果生长始期，即5月末至6月上旬，需水不多，维持最大持水量的60%即可，这是全年控水的关键时期；树木过于干旱时不灌或少灌，灌水控长促花。第四是果实迅速膨大期，此期需水较多，此期水分多少是决定果实大小的关键，要供多而稳定的水分；但久旱猛灌，易落果、裂果。采收前20天灌大水易降低果实含糖量。第五是采果后，秋施粪肥后，要灌水促肥料分解，促秋根生长和秋叶光合作用，增加储藏养分，提高越冬能力。总之，苹果树虽全年都需水，但时期不同所需的水量有多有少。基本是前多、中少、后又多。应掌握灌—控—灌的原则，达到促—控—促的目的。生产上通常采用的萌芽水、花后水、催果水、冬前水，主要是按苹果树不同物候期的需水规律测定的。上述几次灌水是否需要，应根据当时的土壤墒情而定。若当时土壤墒情好，可免灌；否则，必须灌溉。

苹果树灌溉的方式主要有微喷灌和滴灌。

1. 微喷灌

微喷灌一般设置在树冠之下，雾化程度高，喷洒的距离小（一般喷洒直径在1米左右），每一喷头的灌溉量很少（通常每小时30～60升）。定位灌溉只对土壤进行灌溉，较普通的喷灌有节约用水的作用，能维持一定面积土壤在较高的湿度水平上，有利于根系对水分的吸收。此外，还具有需要的水压低（0.02～0.2毫帕）和加肥灌溉容易等特点。

2. 滴灌

滴灌是通过管道系统把水输送到每一棵果树树冠下，由一至几个滴头（取决于果树栽植密度及树体的大小）将水一滴一滴地均匀又缓慢地滴放土中（一般每个滴头的灌溉量每小时2～8升）。苹果树水分管理从苹果树萌芽前开始至施用秋季肥后结束，在这约7个月的时间内维持土壤处于湿润状态。每次灌溉的时间因灌溉方式不同及出水器的流量不同难以固定。通常滴灌要持续3～4小时，微喷灌持续20～30分钟。埋两支张力计，一支埋深60厘米，一支埋深30厘米。30厘米张力计的读数决定何时开始灌溉，60厘米张力计读数回零时停止灌溉。当30厘米张力计读数达-15千帕时开始滴灌，滴到60厘米张力计回零时为止。采用微喷灌时可以采用湿润前锋探测仪，埋深40厘米，当看到浮标升起时停止灌溉。另外一种简单的方法是用螺杆式土钻在滴头上方取土，通过手测法了解不同深度的水分状况，从而确定灌溉时间。当土壤能抓捏成团或搓成泥条时表明水分充足。

二、苹果树需肥规律

苹果树树龄不同，需肥特点不同。幼树施肥的目的是快长树、早成形、早结果。盛果期树施肥的目的是稳产、优质、壮树。衰老期树施肥的目的是恢复健康树势，延长结果年限。所以，各年龄时期苹果树的施肥种类、施肥量等均不一样。

苹果树养分利用有明显的规律性，以氮素为例，苹果树需氮分为3个时期：第一时期为大量需氮期（萌芽至梢加速生长），其前半期氮素主要来源于储藏的氮素，后半段逐渐过渡为利用当年吸收的氮素。第二时期为氮素营养稳定供应期（新梢生长高峰到采收前），此期稳定供应少量氮肥，可提高叶功能，但施氮过多会影响果实品质，施氮不足则影响果个和产量。第二、三时期为氮素营养储备期（采收至落叶），此期氮含量高低对下一年器官形成、分化、优质丰产均起重要作用。在一年中，苹果树对不同养分吸收有一定的规律性，前期以吸收氮肥为主，中、后期（果实膨大期）以吸收钾肥为主，而对磷的吸收生长期内比较平稳。

三、苹果树水肥一体化技术方案

1. 幼年苹果树滴灌施肥技术方案

表7-1为幼年苹果树滴灌施肥技术方案，可供生产使用参考。

表7-1　幼年苹果树滴灌施肥技术方案

生育时期	灌溉次数	灌溉定额（米^3/亩·次）	每次灌溉加入的纯养分量（千克/亩）			
			N	P_2O_5	K_2O	$N+P_2O_5+K_2O$
落叶前	1	30	3.0	4.0	4.2	11.2
花前	1	20	3.0	1.0	1.8	5.8
初花期	1	20	1.2	1.0	1.8	4.0
花后	1	15	1.2	1.0	1.8	4.0
初果	1	15	1.2	1.0	1.8	4.0
新梢停长期	2	15	1.2	1.0	1.8	4.0
合计	7	125	12	10	15	37

应用说明：

（1）本方案适用于胶东地区果园，土壤类型为棕壤，轻壤或砂壤土质，土壤pH值为6.5～7.5，土壤肥力中等，钾素含量较低。幼年果树是指种植1～5年的果树，每亩为45株果树。

（2）幼年果树亩施有机肥2 000千克，氮3千克，磷4千克，钾4.2千克，灌溉是采用树盘浇水，用水量在30米^2/亩

（3）花前到初花期微灌施肥2次，肥料可用尿素4.91千克/亩，工业磷酸一铵1.64千克/亩，硝酸钾4.04千克/亩。

（4）初花期到新梢停长期微灌肥4次，每次肥料品种可选用尿素0.99千克/亩。工业磷酸一铵1.64千克/亩，硝酸铵4.04千克/亩。

（5）在连续降雨时，当土壤含水量没有下降至灌溉始点，也要注肥灌溉，可适当减少灌溉水量。

2. 初果期苹果树微灌施肥技术方案

表7-2为初果期苹果树滴灌施肥技术方案，可供生产使用参考。

表7-2　初果期苹果树滴灌施肥技术方案

生育时期	灌溉次数	灌溉定额（米^3/亩·次）	每次灌溉加入的纯养分量（千克/亩）			
			N	P_2O_5	K_2O	$N+P_2O_5+K_2O$
收获后	1	30	3.0	4.0	4.2	11.2
花前	1	25	3.0	1.0	1.8	5.8
初花期	1	20	1.2	1.0	1.8	4.0
花后	1	20	1.2	1.0	1.8	4.0
初果	1	20	1.2	1.0	1.8	4.0
果实膨大期	1	20	1.2	1.0	1.8	4.0
合计	7	155	12	10	15	37

应用说明：

（1）方案适用于土壤pH值为6.5～7.5，土壤肥力中等，钾含量较低，初果期果树是指种植6～10年的果树，每亩约45株果树。

（2）初果期果树收获后，落叶前要施有机肥料和化肥，一般采用放射状条施，亩施有机肥2 000千克，氮3千克，磷4千克，钾4.2千克，灌溉时采用树盘浇水，灌水量在30～35米^3/亩。

（3）花前至初花期微灌施肥2次，花前期施肥品种可选用尿素6.07千克/亩，工业级磷酸一铵1.64千克/亩，硝酸钾4.49千克/亩，初花期肥料品种可选用尿素2.17千克/亩，工业级磷酸一铵1.64千克/亩，硝酸钾4.49千克/亩

（4）花后至果实膨大期共微灌施肥4次，每次肥料品种可选用尿素1.17千克/亩，工业级磷酸一铵1.64千克/亩，硝酸钾7.87千克/亩

（5）参照表7-2提供的养分数量，可以选择其他的肥料品种组合，并换算成具体的肥料数量。黄土母质或石灰岩风化母质地区参考本方案时可适当降低钾肥用量。

3. 盛果期苹果树微灌施肥方案

表7-3为盛果期苹果树微灌施肥方案，可供相应地区生产参考。

表7-3　盛果期苹果树微灌施肥方案

生育时期	滴灌次数	灌水定额（米^3/亩·次）	每次灌溉加入的纯养分量（千克/亩）			
			N	P_2O_5	K_2O	$N+P_2O_5+K_2O$
收获后	1	35	6.0	6.0	6.6	18.6
花前	1	20	6.0	1.5	3.3	10.8
初花期	1	25	4.5	1.5	3.3	9.3
花后	1	25	4.5	1.5	3.3	9.3
初果	1	25	6.0	1.5	3.3	10.8
果实膨大期	1	25	3.0	1.5	6.6	11.1

（续表）

生育时期	滴灌次数	灌水定额（米^3/亩·次）	每次灌溉加入的纯养分量（千克/亩）			
			N	P_2O_5	K_2O	$N+P_2O_5+K_2O$
果实膨大期	1	25	0	1.5	8.1	4.0
合计	7	180	30.0	15.0	33.0	78.0

应用说明：

（1）方案适用于土壤pH为6.5～7.5，土壤肥力为中等，钾含量较低。盛果期果树是指种植11年以上的果树，每亩约45株果树。目标产量为3 000千克/亩。

（2）盛果期的果树收获后，落叶前要施有机肥料和化肥，一般采用发射状条施，亩施有机肥2 000千克，氮6.0千克，磷6.0千克，钾6.6千克，肥料可选用喜满地复合肥40千克/亩，或选用尿素7.9千克/亩，磷酸二铵13.0千克/亩，硫酸钾13.2千克/亩。灌溉时采用树盘浇水，用水量在30～35米^3/亩。

（3）花前至花后期微灌施肥2次，肥料品种可选用尿素10.2千克/亩，工业级磷酸一铵2.5千克/亩，硝酸钾7.4千克/亩。初花期或花后期每次肥料品种可选用尿素7.0千克/亩，工业级磷酸一铵2.5千克/亩，硝酸钾7.4千克/亩。

（4）初果至果实膨大期共微灌施肥3次，初果期施肥量和花前相同，肥料品种可选用尿素10.2千克/亩，工业磷酸一铵2.5千克/亩，硝酸钾7.4千克/亩，果实膨大前肥料品种可选用尿素1.5千克/亩，工业级磷酸一铵2.5千克/亩，硝酸钾14.8千克/亩，果实膨大后期肥料品种可选用工业级磷酸一铵2.5千克/亩，硝酸钾18.2千克/亩。盛果期果树的果实膨大后期和成熟期不在施用氮肥。

（5）参照表7-3提供的养分数量，可以选择其他的肥料品种组合，并换算成具体的肥料数量。黄土母质或石灰岩风化母质地区参考本方案时可适当降低钾肥用量。

第二节　柑橘水肥一体化技术应用

在山地果园进行地面灌溉，灌水量均匀度低，肥水流失量大；在沿海滩涂地区还存在返盐等不利影响。对山地柑橘园适宜的灌溉模式有压力补偿滴灌（自压或加压）及拖管淋灌、渗灌等。施肥方式可采用重力自压施肥法或泵吸肥法。平地可用普通滴灌、微喷灌或膜下水带滴灌。

一、柑橘需水规律

1. 萌芽坐果期（3—6月）

萌芽坐果期需水量大，我国柑橘产区降雨量较多，能满足生长发育的要求。但此时也容易出现水分过多，通气不良，抑制根的生长，应注意及时排水；柑橘开花坐果期对水分胁迫极为敏感，一遇高温干旱容易导致大量落花落果。此时应注意及时灌水或喷水，降温增湿。

2. 果实膨大期（7—9月）

这个时期柑橘叶片光合作用旺盛、果实迅速膨大，需水量大。南方各省正值梅雨过后容易发生干旱的时期，当土壤水分含量低时必须及时灌溉。

3. 果实生长后期至成熟期（10—12月）

土壤水分对果实品质影响较大，果实采收前1个月左右停止灌水。果实进入成熟期适当控水。能提高果实糖度和耐储性，促进花芽分化。在采收前1～2个月用透气性的地膜覆盖，果实不仅着色早，而且色泽鲜艳，商品性好。

4. 生产停止期（采收后—翌年3月）

此期气温较低，蒸腾量小，降雨量也少。果实采收后，树体抵抗力削弱，尽管已处于相对休眠状态，但如连续干旱，容易引起落叶，影响来年产量。一般应在采收后结合施肥充分灌水，如连续干旱20天以上应继续灌水一次。

柑橘在整个生长发育过程中，都需要水分，但必须适时适量才有利于柑橘的生长。柑橘园的灌溉必须结合树龄和各个物候期对水分的要求、当地的气候条件、土壤含水量等，确定正确的灌水时期和灌水量。灌水时期应根据柑橘对水分的需要量、土壤含水量和气候条件等因素确定。具体方法有经验法和张力计法。

（1）经验法。在生产实践中可凭经验判断土壤含水量。如壤土和砂壤土，用手紧握形成土团，再挤压时土团不易碎裂，说明土壤湿度大约在最大持水量的50%以上，一般不进行灌溉；如手捏松开后不能形成土团，轻轻挤压容易发生裂缝，证明水分含量少，及时灌溉。夏秋干旱时期还可根据天气情况决定灌水时期，一般连续高温干旱15天以上即需开始灌溉，秋冬干旱可延续20天以上再开始灌溉。

（2）张力计法。一般可在柑橘园土层中埋两支张力计，一支埋深60厘米，一支埋深30厘米。30厘米张力计读数决定何时开始灌溉，60厘米张力计读数回零时停止灌溉。当30厘米张力计读数达-15千帕时开始滴灌，滴到60厘米张力计读数回零时为止。当用滴灌时，张力计埋在滴头的正下方。

二、柑橘需肥规律

1. 柑橘养分需求量

柑橘周年抽梢次数多、结果多、挂果期长，对肥料需求量大。柑橘几乎整年都在抽梢、开花和结果，需要从土壤中吸收一定数量的养分。一般来说，柑橘一年要抽3～4次梢，结果多，落果也多，挂果期长（一般在5个月左右），要消耗大量的营养物质。综合各地研究资料，每生产1 000千克柑橘果实，需氮1.18～1.85千克、五氧化二磷0.17～0.27千克、氧化钾1.70～2.61千克、钙0.36～1.04千克、镁0.17～1.19千克，硼、锌、锰、铁、铜、钼等微量元素含量范围在10～100毫克/千克。

2. 柑橘施肥时期

枝梢生长及果实发育期是养分吸收的时期，通过灌溉系统追肥的时间安排在萌芽前至果实糖分累积阶段。根据目标产量计算总施肥量，施肥分配主要根据其吸收规律来定。在具体的施肥安排上还要分幼年树、初结果树和成年结果树。磷肥一般建议基施。对幼年树而言，全年每株建议施氮0.2千克和钾0.1千克，配合施用沤腐的粪水。初结果树每株全年参考肥量为氮0.4～0.5千克、磷0.1～0.15千克、钾0.5～0.6千克，配合有机肥10～20千克，其中秋梢肥占40%～50%、春梢肥占20%～25%、基肥占25%～40%。成年结果树已进入全面结果时期，营养生长与开花结果达到相对平衡，调节好营养生长与开花结果的关系，适时适量施肥。一株成年树大致的施肥量为氮1.2～1.5千克、磷0.3～0.35千克、钾1.5～2.0千克，主要分配在花芽分化期、坐果期、秋梢及果实发育期、采果前和采果后。采用少量多次的做法，不管是微喷还是滴灌，全年施肥20次左右。

三、柑橘水肥一体化技术方案

在水肥一体化技术条件下，更加关注肥料的比例、浓度，而非施肥总量。因为水肥一体化中肥料是少量多次施用的。施肥是否充足，可以从枝梢质量、叶片外观做直观判断。如果发现肥料不足，可以随时增加肥料用量；如果发现肥料充足，也可以随时停止施肥。通常建议是“一梢三肥”，即在萌芽期、嫩梢期、梢老熟期前各施一次肥；果实发育阶段多次施肥，一般半月一次。

表7-4为广西壮族自治区（以下简称广西）某果园砂糖橘滴灌施肥方案，可供相应地区生产使用参考。

表7-4　广西某果园砂糖橘滴灌施肥方案

生育时期	灌溉次数	灌溉定额（米^3/亩·次）	每次灌溉加入的纯养分量（千克/亩）			
			N	P_2O_5	K_2O	$N+P_2O_5+K_2O$
花期	3	3	2.2	1.65	1.65	5.5
幼果期	3	3	2.64	1.98	1.98	6.6
生理落果期	3	5	1.85	1.45	3.30	6.6
果实膨大期	3	5	1.08	0.85	1.93	3.86
果实成熟期	1	4	1.54	1.21	2.75	5.5

（续表）

生育时期	灌溉次数	灌溉定额（米^3/亩·次）	每次灌溉加入的纯养分量（千克/亩）			
			N	P_2O_5	K_2O	$N+P_2O_5+K_2O$
合计	13	52	24.85	19.0	29.33	73.18

应用说明：

（1）冬季挖坑，可每株施腐熟有机肥30～60千克、硫酸镁0.15千克。

（2）花期滴灌施肥3次，每亩每次施尿素4.1千克、工业级磷酸一铵2.7千克、硫酸钾3.3千克。幼果期滴灌施肥3次，每亩每次施尿素4.9千克、工业级磷酸一铵3.2千克、硫酸钾4.0千克。生理落果期滴灌施肥3次，每亩每次施尿素3.3千克、工业级磷酸一铵2.4千克、硫酸钾6.6千克。果实膨大期滴灌施肥3次，每亩每次施尿素2.0千克、工业级磷酸一铵1.4千克、硫酸钾3.9千克。果实成熟期滴灌施肥1次，每亩施尿素2.8千克、工业级磷酸一铵2.0千克、硫酸钾5.5千克。

（3）叶面追肥：春梢萌芽期，叶面喷施1 500倍活力硼叶面肥；谢花保果期，叶面喷施1 500倍活力钙叶面肥；果实膨大期，叶面喷施1 500倍活力钙叶面肥2次，间隔期20天。

第三节　葡萄水肥一体化技术应用

葡萄的水肥一体化在发达国家应用比较普遍。葡萄最适合采用滴灌施肥系统。近些年来；为防止杂草生长、春季保湿，并降低夏季果园的湿度，葡萄膜下滴灌技术也有大力推广。当土壤为中壤或黏壤土时，通常一行葡萄铺设一条毛管，毛管间距一般在0.5～1米。有些葡萄园也铺设两条毛管，种植行左右各铺设一条管。当土壤为砂壤土，葡萄的根系稀少时，可采用一行铺设两条毛管的方式。此外也可考虑在葡萄栽培沟另铺设一条毛管。还有一些葡萄园将毛管固定在离地1米左右的主蔓上，主要的目的是方便除草等田间作业。滴灌施肥灌水器可选择有固定滴头间距的内镶式滴灌管或滴灌带，如迷宫式和边缝式滴灌带。当葡萄树栽植不规则时，一般选择管上式滴头，在安装过程中，根据作物间距确定滴头间距。常用的加肥或注肥设备有文丘里施肥器、压差式施肥罐（旁通罐）、计量泵等。具体选用哪种注肥设备应根据实际条件，结合注肥设备的特点确定。

一、葡萄需水规律

葡萄树由于其强大的根系，耐旱性要强得多，但亦需要稳定、适量地从土壤中获取水分，以获得最佳经济产量。葡萄在不同的季节和不同生育阶段对水分的需求有很大差别。葡萄对水分需求最多的时期是在生长初期，快开花时需水量减小，开花期间需水量少，以后又逐渐增多，在浆果成熟初期又达到高峰，以后又降低。葡萄浆果需水临界期是第一生长峰的后半期和第二生长峰的前半期，而浆果成熟前1个月的停长期对水分不敏感。

一般在葡萄生长前期，要求水分供应充足，以利生长与结果；生长后期要控制水分，保证及时停止生长。使葡萄适时进入休眠期，以顺利越冬。一般可参考以下几个主要的时期进行灌水。一是发芽前后到开花，对土壤含水量要求较高，此时灌水可促进植株萌芽整齐，有利于新梢早期迅速生长，增大叶面积，加强光合作用，使开花和坐果正常；在北方干旱地区，此期灌水更为重要，最适宜的田间持水量为75%～85%。二是花期，一般不宜灌水，否则会加剧生理落果。三是新梢生长和幼果膨大期，此期为葡萄需水的临界期，新梢生长最旺盛；如水分不足，则叶片夺去幼果的水分，使幼果皱缩而脱落，产量显著下降。四是果实迅速膨大期，此期要供应充足的水分，但要防止过多水分而造成新梢徒长，此期正值花芽分化，适当的干旱，有利花芽分化。五是果实成熟期，此期的水分对果实品质影响较大，如果水分过多将会延迟葡萄果实成熟，使品质变劣，并影响枝蔓成熟。靠近采收期时不应灌水，一般鲜食品种应在采收前15～20天停止灌水，要求含糖量高、含酸量适当的酿酒品种，应当在采收前期20～30天停止灌水。六是冬季休眠期，在北方各省，必须在土壤结冻前灌1次透水，灌水量要渗至根群集中分布层以下，才能保证葡萄安全越冬。

土壤墒情监测法是制订作物灌溉计划时常用的方法之一。对于果树来说，可采用下面的方法确定灌溉制度：埋设两支张力计来监测土壤水分状况，滴头下方20厘米埋设一支，并在其旁边埋设另外一支张力计，深度为60厘米；观察20厘米埋深张力计的读数，当超过预定的范围开始滴灌，灌水结束后，检查60厘米埋深张力计读数，如果其读数的绝对值不超过设定的范围，说明达到了要求的灌水量，否则应再灌水。另外一种简单的方法是用螺杆式土钻在滴头下方取土，通过指测法了解不同深度的土壤状况，从而确定灌溉时间。

二、葡萄需肥规律

葡萄以萌芽期、新梢、花序生长期、幼果膨大期需肥量最大。

氮是葡萄需要量较多的营养元素之一，氮肥对葡萄树的生长和发育均有很大的影响。在一定范围内适当多施氮肥，可增加葡萄枝叶数量，增强葡萄树势，协调树体营养生长和生殖生长，促进副梢萌发，起到多次开花结实提高产量的作用。但若施用氮肥过量，则会引起枝梢徒长，导致大量落花，引起产量降低，而且还可以引起新生枝条和根系木质化程度降低，影响越冬能力，葡萄展叶后，随着枝叶的增长，开花和果实膨大对磷的需要逐渐增加。葡萄树对磷的需求最较少，但由于土壤固定等因素，在实际施肥时肥料用量要比需要高出许多。在果实采收后施磷比较关键，因为此时葡萄根系的第二个生长高峰尚未结束，施入的磷肥被葡萄吸收后，参与代谢、制造合成大量的有机养分，增加了树体的营养贮藏量，既可恢复树势、促进花芽的分化，又可提高葡萄的抗冻能力。

葡萄需钾量大，有“钾质作物”之称，适当施用钾肥对浆果成熟、着色，提高糖分含量、风味及耐贮性能有重要作用，还可促进根系生长、枝条成熟，增强植株的抗寒、抗旱能力。

葡萄施用硼肥可提高坐果率，改善葡萄的营养状况，提高产量。

三、葡萄水肥一体化技术方案

表7-5为露地红提葡萄滴灌施肥方案，可供相应地区生产使用参考。

表7–5　露地红提葡萄滴灌施肥方案

生育时期	灌溉次数	灌溉定额（米³/亩·次）	每次灌溉加入的纯养分量（千克/亩）			
			N	P_2O_5	K_2O	$N+P_2O_5+K_2O$
萌芽期	1	12	6.4	2.4	4.0	12.8
开花期	2	26	3.2	2.2	1.0	6.4
幼果膨大期	2	30	16.0	4.4	2.8	23.2
浆果着色前	2	36	5.4	1.2	8.0	14.6
成熟期	0	0				
合计	7	104	55.6	18	27.6	101.2

应用说明：

（1）本方案适宜山西南部黄土丘陵区，中壤土质，土壤pH值为8.4左右，要求地势平坦，耕性良好，保肥保水性好。品种为中晚熟红提葡萄，密度为330株/亩，目标产量1 100～1 200千克/亩。

（2）秋季葡萄落叶后沟施基肥，每亩沟埋玉米秸秆200千克及优质腐熟的畜禽肥800～900千克、氮（N）0.2千克、磷（P_2O_5）10.5千克/亩。肥料品种可选择过磷酸钙75千克/亩和碳酸氢铵1千克/亩，增施碳酸氢铵1千克/亩目的是调节C/N，促进玉米秸秆腐熟。同时亩沟灌50米³/亩水。

（3）萌芽前滴灌施肥1次，灌水量12米³/亩·次，肥料品种可选用磷酸二铵5.2千克/亩、尿素8.8千克/亩。开花前滴灌施肥2次，灌水量13米³/亩·次，每次肥料品种可选用磷酸二铵4.8千克/亩、尿素5千克/亩、硫酸钾2千克/亩。

（4）幼果膨大期一般滴灌施肥2次，灌水量15米³/亩·次，肥料品种可选用磷酸二铵、尿素、硫酸钾。遇到旱情严重时可适当增加灌水量或灌水次数。灌水次数不可减少，只是根据降雨情况、土壤墒情提前或推后灌水。

（5）果实膨大期滴灌施肥2次，灌水量18米^3/亩·次，肥料品种可选用磷酸二铵、尿素、硫酸钾。果实成熟期滴灌施肥时不施入氮肥。

（6）除滴灌施肥外，葡萄叶面喷肥十分重要，早春萌芽后易出现叶片黄化现象，要及时喷施0.2%～0.3%尿素加0.1%～0.2%磷酸二氢钾，在10～15天内连续喷施3次，可使叶面很快由黄变绿，生长前期叶面喷施磷酸二氢钾，花前喷施0.1%～0.3%的硼砂可提高坐果率，生长中期叶面喷施0.1%左右的硫酸锌可经增加果重，提高产量。采收前果实喷施氨基酸叶面肥（氨基酸10%、钙2%），可提高果实品质，延长贮藏期。

第四节 草莓水肥一体化技术应用

草莓适宜的灌溉模式以滴灌、喷水带灌溉等最常用。草莓园一般为平地，可采用普通滴灌，以膜下滴灌为好。每两行共用一条滴灌管，铺设长度可达100米以上，滴头间距0.2～0.3米，滴头流量一般为1.0～2.0升/小时。在草莓生产中，喷水带灌溉也是常见一种灌溉方式，应尽量选择小流量喷水带，通常两行草莓安装一条喷水带，孔口朝上，覆膜。铺设长度不超过50米，流量1.5～3.0升/小时，砂土选大流量滴头，黏土选小流量滴头。

一、草莓需水规律

草莓根系浅，喜湿，叶表面蒸发量大，要求充足的水分。但在不同的生长发育期，对水分的要求是不一样的。在开始生长和开花期，要求土壤水分不低于田间持水量的70%。果实生长和成熟期要求土壤水分最多，要求在田间持水量的80%以上。果实采收后，植株进入旺盛生长期，也要求土壤含水量在田间持水量的70%左右。花芽分化期要求水分较少，土壤含水量要求在田间持水量的60%。生长期缺乏水分时，植株矮、叶片小、叶柄短。开花期水分不足时，花期缩短，花瓣卷于花萼内不展开而枯萎。浆果膨大时水分不足，果实变小，品质变劣。但土壤含水量过多时，抑制根系的呼吸，会引起根系死亡，叶片变黄、萎蔫、脱落或果实腐烂，引起植株发病。

二、草莓需肥规律

草莓对养分的吸收随生长发育阶段的推进而增加，与露地草莓相比，保护地栽培草莓由于避免了休眠期，其营养特性发生了很大变化。草莓在定植时花芽已经分化，11月初已现蕾、开花，11月底第1花序果实已膨大，生殖生长占主导地位，此时磷、钾吸收量逐渐增加；12月底至次年1月中旬，草莓已陆续采收；至2月底，第一花序草莓已基本采收完毕，草莓又转入营养生长占主导地位，磷、钾吸收比例减少；3月中旬后，第二花序陆续开花结果，又转入生殖生长阶段，4月份后草莓进入正常生长时期，随着第二花序果实采收基本结束，营养生长又渐趋旺盛，吸收氮的比例又有所增加，而磷、钾比例有所减少。可见，保护地栽培草莓营养生长的吸收随生育期的转换呈周期性变化，生长中心为茎、叶时，则吸收较多氮素；而生长中心为果实时，则吸收磷、钾较多。

三、草莓水肥一体化技术方案

表7-6为日光温室或大拱棚草莓滴灌施肥方案，可供生产使用参考。

表7-6　日光温室或大拱棚草莓滴灌施肥方案

生育时期	滴灌次数	灌水定额（米^3/亩·次）	每次灌溉加入的纯养分量（千克/亩）			
			N	P_2O_5	K_2O	$N+P_2O_5+K_2O$
定植前	1	20	2.0	6.0	3.0	11.0
苗期	1～2	12	0	0	0	0
开花期	1	12	1.2	0.5	1.2	2.9
果实膨大期	1	14	1.2	0.5	1.2	2.9
采收期	5	15	1.5	0.5	1.8	3.8
合计	9～10	73	11.9	9.5	14.4	35.8

应用说明：

（1）该方案适用于北方日光温室或大拱棚栽培，土壤pH为5.5～7.0，砂壤或轻壤土质，土壤养分含量中等。适宜休眠期较短的品种。每亩定植9 000～10 000株，8月下旬至9月上旬定植，目标产量为2 000千克/亩。

（2）定植前施基肥。亩施有机肥3 000千克，氮2.0千克磷8.0千克，钾3.0千克。肥料用磷酸二铵13千克/亩。硫酸钾6.0千克/亩。灌溉采用沟灌，用水20米^3/亩。

（3）苗期根据土壤墒情灌溉1～2次，土壤干旱则需要滴灌，但不施肥，开花—现蕾期，果实膨大期各灌溉一次，每次肥料可用尿素1.8千克/亩，磷酸一铵0.8千克/亩，硝酸钾2.7千克/亩。

（4）采收期滴灌施肥5次。每次肥料可选用尿素2.1千克/亩，硝酸钾4.1千克/亩。每次可用尿素1.9千克/亩，磷酸一铵0.8千克/亩，硝酸钾4.0千克/亩。

（5）在草莓现蕾期，开花期，花芽分化期要用0.3%磷酸二氢钾进行叶面喷施。

（6）每次滴灌时参考灌溉施肥制度表中提供的养分数量选择适宜的肥料品种，并换算成具体的肥料数量。不要施用含氯化肥。

第八章 粮经作物水肥一体化技术应用

第一节　小麦水肥一体化技术应用

一、小麦需水规律

小麦一生中耗水量受品种、气候、土壤、栽培管理等因素影响很大，每亩耗水260～400米^3，相当于400～600毫米降水。

拔节前温度低，植株小，耗水量较少。时间长而耗水量只占全生育期耗水的30%～40%。

拔节到抽穗，冬小麦进入旺盛生长时期，耗水量急剧增加。由于植株茎叶的覆盖，株间蒸发大大降低，而叶面蒸腾显著增加。该时期时间短，而耗水量却占全生育期的20%～35%，日耗水量达2米^3/亩以上。春小麦这一阶段耗水也多，在20天左右的时间内，耗水占全生育期的25%～29%，日耗水量在4米^3/亩左右。

抽穗到成熟，冬小麦在这一时期的时间也较短，而耗水

量占全生育期耗水的50%左右。春小麦抽穗到成熟的日期较长，耗水量一般都占全生育期耗水量的50%左右。但由于各地气候不同，耗水量的差别也较大。

在不同的生育时期，有不同的水分管理要求。

1. 出苗期

小麦出苗水滴灌的方式，应因地制宜。播种前若水源充裕，可以通过地面灌或茬灌，利用原墒播种出苗。采用滴水出苗的麦田，水量一定滴足、滴匀。亩滴水量一般为80～90厘米^3。湿润锋深度应保持在25厘米以下，土壤耕层持水量应保持70%～75%，以便种子吸水发芽，保持各行出苗整齐一致。如播种时土壤过于疏松或者滴水时毛管低压运行，会造成出苗水用水量过大，而且墒情不均，各行麦苗出苗不整齐。

2. 越冬期

小麦越冬期间土壤水分，应保持田间持水量70%～75%，以利越冬和返青后生长。土壤临冬封冻前滴水，具有贮水防旱、稳定地温和越冬期间防冻保苗的作用。

3. 返青期

返青水应酌情灌。3月中旬气温≥3℃时，小麦开始返青，长出新根、新叶；≥5℃时，开始长出新蘖，春10叶龄期幼穗开始分化。小麦返青后，是否滴水，要根据麦田实际情况而定，一般麦田不需要滴水。因为小麦返青生长期间需水较少，也防止滴水后会降低地温，延缓返青生长。除非临冬前麦田未冬灌，冬季积雪少、春旱、土壤持水量不足65%～70%的情况下，才可滴水。但盐碱地麦田，随着气温上升，土壤水分蒸发，往往会有反碱死苗现象，为抑制反碱，防止死苗，当5

厘米土层地温连续5天，平均≥5℃时才可进行滴灌。而且第一水滴过5～7天后，应连续再滴第二水，防止盐碱上升。每次亩滴水量35米^{3}左右。土壤肥沃、冬前群体较大的麦田，应适当控制返青水，通过适当蹲苗的方式，抑制早春无效分蘖数量，防止群体过大，后期产生倒伏现象。

4. 拔节水

小麦拔节水是关键，要灌足灌好。小麦拔节至抽穗期，是营养生长和生殖生长旺盛时期，是根、茎、叶营养器官和穗部结实器官迅速生长和建成时期，也是小麦一生中器官之间矛盾较多的时期。要运用水、肥、化学调控等方式，协调营养生长和生殖生长以及群体和个体、主茎和分蘖、地下生长和地上生长的关系。做好因苗管理，壮苗或旺苗，在春三叶龄期，即生理拔节期开始，应控制基部节间伸长，抑制无效分蘖，巩固大蘖成穗，防治群体过大，植株下部荫蔽、茎秆细弱，后期产生倒伏现象，因此，应延迟滴水、适当蹲苗，为壮秆大穗打好基础。拔节至抽穗期，植株生长量大，水肥需要多，瘦弱麦苗容易造成肥水不足，分蘖不好，质量差，提前死亡，造成收获穗不足，穗头小，产量低，因此，灌水和施肥应适当提前。

小麦拔节至抽穗期，长达30多天，且进入高温时期，植株蒸腾和土壤蒸发失水量较大，一般麦田除拔节前滴灌外，拔节期间尚需滴水2～3次，在前期群体适当调控的基础上，拔节水5～7天之后，紧接滴第二水，其后8～10天，再滴水一次，每次每亩滴水30～40米^3，土壤持水量保持75%～80%，随着根系下扎，湿润锋应达到40～50厘米。

5. 孕穗期

小麦孕穗后10天左右开始抽穗，随后开花授粉、形成籽

粒、灌浆成熟。小麦孕穗期是开花授粉和籽粒形成的重要时期，需水迫切，对水分反应敏感，是需水“临界期”，田间持水量应保持75%～80%。该时期如水分不足，花粉容易干枯，授粉率降低，穗粒数减少，减产严重。孕穗期滴水一般2次，每次滴水30～40米^3/亩。

6. 灌浆期

小麦抽穗后，每亩穗数基本固定。开花授粉后，每穗粒数大体固定，生长中心转移到灌浆成熟时期，而籽粒中所积累的干物质约有80%来源于后期的光合产物。小麦生育后期光合产物的来源主要是由上部第一、第二叶片及穗下茎绿色部分通过光合作用制造的。因此，增强植株生活力和延长上部叶片的功能时间、提高功能强度，保持植株正常代谢，促使植株体内更多的物质向籽粒输送，是增强粒重的关键。

小麦后期管理“水当先”“以水养根，以根护叶，以叶保籽、增重”。小麦从开花到成熟，耗水量占总耗水量近1/3，通常每日耗水量为拔节前的5倍，是需水量较多的时期。土壤水分以维持田间持水量的70%～85%。水分过少易使根系早衰，水分过多容易造成土壤空气不足、根部窒息死亡或导致病虫害加重，灌浆不良。小麦灌浆到成熟的时间大约需要32～38天，滴水一般需要2～3次，第一次应滴好抽穗扬花水。抽穗扬花期滴水的作用是保花增粒、促灌浆，达到粒大、粒重，防止根系早衰的目的。每亩每次灌水量一般为30～40米^3。新疆平原干热地区灌麦黄水在戈壁地和沙石地增产效果明显，应适时适量滴水。滴好麦黄水能降低田间高温，缓解高温对小麦灌浆的影响。小麦受高温危害后，及时滴水能促使受害植株恢复生长减轻危害。

二、小麦需肥规律

小麦对氮、磷、钾的吸收量，随着品种特性、栽培技术、土壤、气候等而有所变化。产量要求越高，吸收养分的总量也随之增多。小麦在不同生育期，对养分的吸收数量和比例是不同的。小麦对氮的吸收有两个高峰：一是在出苗到拔节阶段，吸收氮占总氮量的40%左右；二是在拔节到孕穗开花阶段，吸收氮占总氮量的30%～40%，在开花以后仍有少量吸收。小麦对磷、钾的吸收，在分蘖期吸收量约占总吸收量的30%左右，拔节以后吸收率急剧增长。磷的吸收以孕穗到成熟期吸收最多，约占总吸收量的40%左右。钾的吸收以拔节到孕穗、开花期为最多，占总吸收量的60%左右，到开花时对钾的吸收最大。

因此，在小麦苗期，应有适量的氮素营养和一定的磷、钾肥，促使幼苗早分蘖、早发根，培育壮苗。拔节到开花是小麦一生吸收养分最多的时期，需要较多的氮、钾营养，以巩固分蘖成穗，促进壮秆、增粒。抽穗、扬花以后应保持足够的氮、磷营养，以防脱肥早衰，促进光合产物的转化和运输，促进小麦籽粒灌浆饱满，增加粒重。

三、小麦水肥一体化技术方案

表8-1为冬小麦喷微灌施肥方案，可供生产使用参考。

表8-1　小麦喷微灌施肥方案

生育时期	灌溉次数	灌溉定额（米^3/亩·次）	每次灌溉加入的纯养分量（千克/亩）			
			N	P_2O_5	K_2O	$N+P_2O_5+K_2O$
蒙头水	1	15	0	0	0	0

（续表）

生育时期	灌溉次数	灌溉定额（米^3/亩·次）	每次灌溉加入的纯养分量（千克/亩）			
			N	P_2O_5	K_2O	$N+P_2O_5+K_2O$
越冬水	1	20	0	0	0	0
拔节期	1	30	14	3	5	22
孕穗期	1	15	3	0	2	5
灌浆期	1	30	2	0	1	3
合计	5	110	19	3	8	30

应用说明：

（1）本方案适用于冬小麦微喷灌水肥一体化施肥方案。

（2）蒙头水和越冬水可以不用施肥，只在拔节期、孕穗期和灌浆期进行施肥。

（3）参照灌溉施肥制度表提供的养分数量，可以选择其他的肥料品种组合，并换算成具体的肥料数量。

第二节　玉米水肥一体化技术应用

一、玉米需水规律

玉米适应性强，对土壤的适应性较广，砂土，壤土，黏土均可栽培。玉米是需水较多的作物，各生育阶段的需水量如下。

1. 播种期

半干旱地区，春季降雨量少，气候干燥，风多风大，土壤失水较多，一般播种期，耕层内土壤含水量绝大多年份低于种子发芽的水分要求。提供种子发芽到出苗的适宜土壤水分是解决能否苗全苗壮的关键，采用早春覆膜前灌溉保湿覆膜或盖膜后滴灌均可。确保在播种前有适宜的水分状况，灌溉水量以25～30米^3/亩为宜。如播后灌溉应该严格掌握灌水量，不要过多，以免造成土温过低影响出苗。

2. 育苗水

玉米苗期的需水量并不多，土壤含水量占田间水量的60%为宜，低于60%必须进行苗期灌溉。灌水定额15～20米^3/亩。地膜覆盖的玉米底墒足，苗期也可不灌水，通过控制灌水进行蹲苗。使植株基部节间短，发根多、株体敦实粗壮，增加后期抗旱抗倒伏能力，为增产打下良好基础。

蹲苗一般于苗后开始，至拔节前结束，持续时间一个月左右，是否需水灌水，具体应根据品种类型、苗情、土壤墒情等灵活掌握。蹲苗期间中午打绺，傍晚又能展平的地块不急于灌水。如果傍晚叶子不能复原应灌一次保苗水。

3. 拔节期

玉米出苗35天左右即开始拔节。拔节孕穗期植株生长迅猛，这个时期气温高、植株叶面蒸腾强，土壤水分供应要充分，如果缺水受旱植株发育不良，影响幼穗的正常分化，甚至雌穗不能形成果穗，造成空秆，雄穗则不能抽出，带来严重减产。这期间土壤水分至田间持水量的65%以下时就应即时灌发育水，使植株根系生长良好、茎秆粗壮，有利于幼穗的分化发育，从而形成大穗，拔节初期灌溉时，灌水定额应控制在20～30米^3/亩为宜。

4. 灌浆成熟期

抽穗开花期是作物生理需水高峰期，天然降雨与作物需水大致相当，但这个时期应特别注意缺水现象。发现缺水要及时补充灌溉。实践总结和研究表明，灌浆期进入籽粒中的养分，不缺水比缺水的可增加2倍多。

二、玉米需肥规律

玉米植株高大，茎叶繁茂，是需肥较多的作物。单位面积玉米对氮磷钾吸收量随之提高，其中吸收量最大时期是在拨节期至抽雄期，分别要吸收整个生育期所需氮、磷、钾养分的46.5%、44.9%和68.2%，因此，此期保证养分的充分供给是非常重要的。此外，授粉至乳熟期玉米对养分仍然保持较高的需求，是形成产量的关键期。玉米一生中吸收的氮最多，钾次之，磷较多。确定具体的氮磷钾施肥量应根据土壤养分测定情况确定，施肥一般原则应掌握基肥为主，种肥，追肥为辅。

三、玉米水肥一体化技术方案

表8-2是制种玉米膜下滴灌施肥方案，可供相应地区生产使用参考。

表8-2　制种玉米膜下滴灌施肥方案

生育时期	滴灌次数	灌溉定额（米^3/亩・次）	每次灌溉加入的纯养分量（千克/亩）			
			N	P_2O_5	K_2O	$N+P_2O_5+K_2O$
春季	1	225	0	0	0	0
播种前			21	9	6	36
定植	1	18	0	0	0	0

（续表）

生育时期	滴灌次数	灌溉定额（米³/亩·次）	每次灌溉加入的纯养分量（千克/亩）			
			N	P_2O_5	K_2O	$N+P_2O_5+K_2O$
拔节	2	18	2.3	0	0	2.3
抽穗	2	18	4.6	0	0	4.6
吐丝	1	20	4.6	0	0	4.6
灌浆	3	20	4.6	0	0	4.6
蜡熟期	1	18	0	0	0	0
合计	11	413	53.2	9	6	68.2

应用说明：

（1）本方案适用于西北干旱地区，土壤为灌漠土，土壤pH值为8.1，有机质含量较低，速效钾含量较高。种植模式采用一膜一管二行，不起垄，行距2 750px（1px=0.4毫米），株距625px，每亩保苗4 800株，目标产量650千克/亩。

（2）春季灌底墒水225米³/亩，起到造墒洗盐作用。

（3）播种前施基肥。亩施农家肥3 000～4 000千克，氮21千克，磷9千克，钾6千克，肥料品种可选用尿素24千克/亩，磷酸钾玉米专用肥100千克/亩。

（4）在玉米拨节，抽雄，吐丝，灌浆期分别滴灌施肥一次，肥料可用尿素，用量分别为5千克/亩，10千克/亩，10千克/亩，10千克/亩。其他滴灌时期不施肥。

（5）参照表8-2提供的养分数量，可以选择其他的肥料品种组合，并换算成具体的肥料数量。

第三节　棉花水肥一体化技术应用

一、棉花需水规律

棉花是喜温、喜光作物。棉花的需水量是指棉花从播种到收获，全生育期内本身所利用的水分及通过叶面蒸腾和地面蒸发所消耗水量的总和。棉花不同生育时期对土壤适宜含水量的要求不同，发芽出苗期，土壤水分以田间持水量的70%左右为宜，过少种子易落干，影响发芽出苗；过多易造成烂种，影响全苗。苗期土壤水分以田间持水量的55%～60%为宜，过少影响棉苗早发；过多棉苗扎根浅，苗期病害重，蕾期土壤水分以田间持水量的60%～70%为宜，过少抑制发棵，延迟现蕾；过多会引起棉株徒长。花铃期是棉花需水量最多的时期，土壤水分以田间持水量的70%～80%为宜，过少会引起早衰；过多棉株徒长，增加蕾铃脱落。吐絮以后，土壤水分以田间持水量的55%～70%为宜，利于秋棉桃发育，增加铃重，促进早熟和防止烂铃。

二、棉花需肥规律

棉花一生中需要较多的氮，其中2～4片真叶形成时，是氮素营养临界期。这时需氮量虽然不多，但很重要，若能从开始出现真叶就供给适量氮素，棉株易形成节间短，果枝较多的株型，发育期缩短，棉铃成熟过程加快。开花期是氮素营养的最大效率期，氮素的增产效果最大。棉花需磷量比较少，单株棉花一生中吸收0.5～0.6克磷，其中43%～50%用于营养生长。出苗后10～25天及开花结铃期是磷的营养临界期，这两个时期不能缺磷。土壤中有效磷不足，会抑制主根和侧根的生长。钾素可提高棉株的叶片组织松软角质层发达，还可以降低黄萎病和茎枯病的发病率。

三、棉花水肥一体化技术方案

表8-3是甘肃石羊河、黑河流域棉花膜下滴灌施肥方案，可供相应地区生产使用参考。

表8-4是甘肃疏勒河流域、新疆维吾尔自治区（以下简称新疆）棉区膜下滴灌施肥方案，可供相应地区生产使用参考。

表8-3　甘肃石羊河、黑河流域棉花膜下滴灌施肥方案

生育时期	灌溉次数	灌水定额（米³/亩·次）	每次灌溉加入的纯养分量（千克/亩）			
			N	P_2O_5	K_2O	$N+P_2O_5+K_2O$
冬前	1	150	0	0	0	0
播种前	0	0	9.6	6.9	5	21.5
现蕾期	1	35	3.7	0	0	3.7
花铃期	1	30	1.4	0	2.5	3.9
	1	30	1.4	0	0	1.4
吐絮期	1	30	0	0	0	0
合计	5	275	16.1	6.9	7.5	30.5

应用说明：

（1）本方案适宜于年降水量在200毫米以下的西北干旱地区。棉花种植模式采用一膜二管四行，不起垄平作。宽窄行（20-60-20厘米）种植，亩保苗18 000～23 000株。籽棉目标产量300～350千克/亩。

（2）10月底至11月上旬灌安冬水，灌水方式为小畦灌，亩灌水量150米³，起到冬季蓄墒洗盐的效果。

（3）播种前施基肥。

（4）棉花现蕾期滴灌施肥1次，花铃期滴灌施肥两次。

表8-4　甘肃疏勒河流域、新疆棉区膜下滴灌施肥方案

生育时期	灌溉次数	灌水定额（米³/亩·次）	每次灌溉加入的纯养分量（千克/亩）			
			N	P_2O_5	K_2O	$N+P_2O_5+K_2O$
冬前	1	220	0	0	0	0
播种前	0	0	12	3.8	0	15.8
现蕾期	1	20～25	0	0	0	0
	2	20～25	1.4	0.1	0.1	1.6
	1	25～30	1.8	0.2	0.1	2.1
花铃期	1	25～30	1.4	0.2	0.1	1.7
	2	25～30	0.9	0.2	0.1	1.2
	1	25～30	1.4	0.2	0.1	1.7
吐絮期	3	20～25	0	0	0	0
合计	12	465～520	21.2	5.0	0.7	26.9

应用说明：

（1）本方案使用与年降水量小于50毫米的干旱地区。棉花密度为每亩1.1万～1.3万株，采用一膜二管四行。宽窄行（30-50-30厘米）种植，毛管置于30厘米窄行中。籽棉目标产量350～400千克/亩。

（2）冬前灌水220米³/亩，起到冬季蓄墒洗盐的效果。

（3）播种前施基肥。

（4）棉花现蕾期滴灌施肥3次，每次需随水施肥；花铃期滴灌施肥5次，每次需随水施肥；吐絮期滴灌3次，不施肥。

参考文献

郭彦彪，邓兰生，张承林. 2007. 设施灌溉技术[M]. 北京：化学工业出版社.

何龙，何勇. 2006. 微灌工程技术与装备[M]. 北京：中国农业科学技术出版社.

胡克纬，张承林. 2015. 葡萄水肥一体化技术图解[M]. 北京：中国农业出版社.

李保明. 2016. 水肥一体化实用技术[M]. 北京：中国农业出版社.

隋好林，王淑芬. 2015. 设施蔬菜栽培水肥一体化技术[M]. 北京：金盾出版社.

新农资360. http://www.xnz360.com/1200-1.html.

徐坚，高春娟. 2014. 水肥一体化实用技术[M]. 北京：中国农业出版社.